# 人 类 的 使 命

Humanity's Mission

金建方◎著

人民东方出版传媒
东方出版社

**图书在版编目（CIP）数据**

人类的使命 / 金建方 著. — 北京：东方出版社，2018.7
（生态主义丛书）
ISBN 978-7-5060-8489-5

Ⅰ. ①人…　Ⅱ. ①金…　Ⅲ. ①生态文明－建设－研究－中国　Ⅳ. ①X321.2

中国版本图书馆CIP数据核字（2018）第092622号

人类的使命
（RENLEI DE SHIMING）

作　　者：金建方
责任编辑：陈丽娜　李鹏飞
出　　版：东方出版社
发　　行：人民东方出版传媒有限公司
地　　址：北京市东城区东四十条113号
邮　　编：100007
印　　刷：北京文昌阁彩色印刷有限责任公司
版　　次：2018年7月第1版
印　　次：2018年7月第1次印刷
开　　本：710毫米×1000毫米　1/16
印　　张：20
字　　数：200千字
书　　号：ISBN 978-7-5060-8489-5
定　　价：49.80元
发行电话：（010）85924663　85924644　85924641

工业文明已进入尾声，

生态社会正在到来。

人工智能与生物技术即将出现爆发性增长。

我们现今生活的这个星球，

将会因此而发生重大改观。

看看我们如今的社会，

它正在发生或将要发生哪些变化呢？

## 一、消费的个性化与定制化

迄今为止，人们的消费方式主要是选购。消费者从摆上货架的商品中进行选择，包括在餐厅的就餐行为。目前流行的电子商务，也只是让消费选购与交易过程更为便捷。

随着新技术的快速发展，个性化定制时代正在来临。通过人工智能进行咨询与设计，充分利用互联网的双向沟通功能，以及物联网的快速生产与配送功能，就可以在较低成本的基础上，按消费者特定的需求进行定制生产和配送了。

## 二、生产规模小型化与工厂多功能化

工业社会中，工厂既是生产中心，也是经营中心。传统的生产方式是：先进行大规模制造，然后做营销推广，最后再通过自身的销售渠道，把产成品销售出去。显然，这种方式已经开始落后了。

当今社会，经营中心开始向营销和技术集成企业转移。产品大批量外包性生产开始流行，例如苹果公司和富士康的合作，但这还仅仅是一种过渡方式。

在个性化定制时代，生产将变为小批量和多品种。经营活动从满足客户或消费者需求开始，围绕着订单组织生产，再将产成品订单分解开，按全球供应链一环一环地传到生产供应链的上游。它要求工厂场地和设施尽可能多功能化，能够同时生产不同产品，并且要求库存量减小，产出速度加快，物流供应更为及时。

## 三、合伙制与自谋职业正在取代雇佣关系

伴随着人工智能的快速发展，市场需求向多样化和个性化方向改变，大规模生产方式被逐渐取代，维持庞大生产供应组织将会越来越困难。企业发现，把许多职能性的工作外包出去，利用社会资源更为经济合理。既然现有的业务量不足以支撑这些部门和人员，让他们独立出去，能够同时为其他客户服务，就会使得分摊成本大大地降低；或者，把这些部门和人员裁减掉，直接从市场上购买其他专业服务，价格又低，质量又高，对企业而言，则更为经济合算。

　　为了适应变化，一些大型企业正在主动地将所属部门和单位剥离出去，让员工们自己合伙，组合成小公司或小经营单位，利用市场机制进行自主管理。变革后分离出来的个人或单位，彼此都要面对多个客户，需要在竞争中生存，自己养活自己。这不仅提高了各自的效率，而且省去了领导协调关系的烦恼，也免去了企业内部各部门间的摩擦。

　　在新型生产方式条件下，传统的劳资雇佣关系将会逐步消失。劳动者在市场竞争中，向企业提供商业服务或产品，双方变成供应商和客户的关系了。企业不再购买劳动者的人身自由和劳动时间，而是购买劳动者的工作成果。与此同时，生产或供应要素的交换市场，例如劳动力市场、管理人员市场和信息市场，也将从传统的雇佣关系，向提供服务或承包工作方向转化和过渡，逐渐与商品和服务市场融合在一起。

## 四、社会变革导致各类矛盾加剧

　　伴随着生产方式的改变以及新技术的快速发展，失业潮开始蔓延。不仅铁锈地带（即衰败的传统工业区，诸如美国内陆地区和中国东北地区）的蓝领员工已经失业了，各种生产服务业和投资服务的行业，也同样面临着即将来临的失业威胁。

　　例如，一位美国顶尖学校土木工程系毕业的博士，她目前就职于北美一家拥有五万员工的大型工程设计公司，在那里担任技术与经营经理，收入很高。但是，她正在考虑转业，从事一些其他工作。因为新型工程设计软件及人工智能，可以取代大批的现行技术人员和工作人员，公司必然将会裁撤大量的机构和雇员。

不单从事生产服务行业如此，许多从事金融和财务服务的从业人员，也预感到职位不保，人工智能同样地可以胜任他们的现行工作。

人工智能不仅"侵入"到生产领域、服务领域和金融投资领域，抢夺了那里的大量就业岗位，而更为令人惊心的是，它又开始"侵入"到消费服务领域，要抢夺人员密集型行业的就业岗位。无人商店、无人超市和无人餐厅开始出现，无人共享汽车也要出现，无人飞机快递也开始出现。它们正在威胁着现行服务人员、出租汽车司机和快递人员的工作岗位。

毋庸置疑的是：人工智能还可以轻易改变教育、医疗、新闻、出版、司法、政府、军事、航运等行业的生态，取代那里大量的就业岗位。当今社会业已形成的稳定状态，将被彻底更改，其中包括作为工业文明的社会基础——人权价值观。

当工作岗位消失、雇佣关系不在时，以往那种维权方式就会变得苍白无力。如今，在美国铁锈地带的失业人员打出标语"白人的命也重要""我们有权生存"时，美国政治家还可以把矛头指向移民，指向墨西哥、中国和日本，还可以用筑起边境墙的办法来缓解怨恨。可是，当大批白领雇员下岗时，美国的政治家们又会找到谁来作为替罪羊呢？何况，非洲裔、西班牙裔和亚裔等美国少数族，也在发泄不满，会继续不断地集会游行，要求维护自身的权利。

工业社会的权利价值观，正在引发一波又一波的社会冲突，在世界范围内造成了重重危机。

## 五、社会需要安置大量的失业与待救济的人员

后工业化社会形成的大量失业与半失业人口开始不断地出现，亟待设法安置。问题是：政府的失业救济能力非常有限。美国联邦政府的债务已达 20 万亿美元，而且每年还以上万亿美元的预算赤字在累积。其他发达国家和发展中国家也相类似。

失业人口正在威胁社会稳定。特别是人工智能普及后，大量服务行业的人员会被裁撤，情形将会越发严峻。

也许，在经济部门和政府均无法容纳这些失业或半失业人口时，唯有社团组织和社会性服务工作，才能真正地安置他们。本书在实践中的运用，将可能会在世界范围内，有效地解决该项困扰当代与未来社会的就业难题。

## 六、政府需要建立协调平衡的社会运行体制

生态社会需要构建起一个有机的与完整的市场经济体系。保持市场的自主性、竞争性与活力，避免寡头垄断与贫富两极分化。

生态社会需要构造一个与自然环境和自然资源相适合的、依据自然规律而运行的社会。各族人民可以在其中平等竞争，自由竞争，和谐相处，幸福地生活。

本书的生态篇为构建公平和公正的社会与经济运行体制提供了完整的基础性理论。本书的价值篇和伦理道德篇，还为此提供了一些原则性

的政策建议。

## 七、社会人际关系和价值观均在发生变化

在生态社会里，每个人的行为都是透明的。一言一行，例例在案，都有记录可循。大数据为此提供技术上的支持。

当自谋职业和合伙制成为社会主流就业方式后，人们的收入主要是来自于客户的首肯，来自于消费者的评价。无论充当什么社会角色，从事何种工作，你只要做得好，有信誉，就会获得订单，收入也会随之而高。如果你投机取巧，获得不良评价，收入就少，甚至导致失败。

大数据将记录你的一切，终身如此。你的权利就是要做得更好，要不辱使命。

那么，在未来生态社会中的行为准则又会是什么？价值观又是什么？生态社会怎样来维护社会的和谐与平衡？本书的价值观篇和伦理道德篇将为此作出详细说明。

## 八、社会治理方式将发生重大改变

法治是工业社会的主要治理方式。雇佣关系是工业社会生产关系的基础。为保护出资方、管理方和劳动者各自的权利，就需要建立法制，通过司法治理方式来保障各方的权益。

法治是以社会主体成员公认的基本法律原则和程序为主导，通过自主行为、互惠有偿和违法惩处的方式，实现管理与控制的一种社会治理方式。法治社会主要靠法律约束和违法惩戒来实现社会管制。

　　法治的主要特点是事前规范，事后处罚。单纯的法治容易形成严刑峻法，导致暴力抗法或者法不治众。当代美国社会，警察强力执法导致群众暴力反抗的事件也此起彼伏。美国监狱的囚犯，按其人口比例计算也可登顶世界之最。

　　美国加利福尼亚州（加州）是美国最富有的州之一，其 GDP 总值如果单独拿出来计算，在世界范围内可以排到第六位，算是世界第六大经济体，排它前面只有美国、中国、日本、德国和英国。可是，加州法治的结果是监狱人满为患，已无法容纳更多的犯人了。在加州，关押一名囚犯的成本每年可达 7.5 万美元。这已经超过就读美国哈佛大学一年的全部费用。这些年来，加州州长布朗不断地签署法令，提前释放非暴力犯人。2013 年，布朗州长还特地签署一项法令：对入室盗窃的罪犯，只要不伤害人，不予关押。这项法令等于告诉人们，盗窃可以不受惩罚。于是盗窃风潮涌起。一些富裕地区的居民，家家自危，频频被盗。这就是世界最发达国家——美国法治的结果。显然，事后惩罚已起不到作用，法治还需要通过道德的宣导与各种实践来配合。

　　德治是以符合客观规律的价值理念为导向，构建起完整的社会道德与伦理体系，通过思想引导、组织帮助和行为规范的方式，来实现社会治理的一种方法。德治可以通过事前的引导和事中的帮助以及对人们行为的规范、提倡、表彰和鼓励等方式，来弥补以事后违法惩戒为主的法治治理方式。所以法治与德治应该并举，互为表里，不能偏废。

　　但德治与法治，均不能脱离社会的整体运行，二者还必须建立在激励引导的基础上，要符合客观规律。

本书为此提供一系列理论和方法，希望帮助人们去适应社会变革，能够在生态社会的环境下，成为一个合格的社会人，成为一个成功、幸福的社会人。

## 九、以人权为基础的价值观体系将会被取代

在工业文明时期，完整的市场交换体系业已形成，实行着集中生产和统一销售的经济往来关系。与此相适应，人口可以自由地迁徙，在城乡之间流动。

工业社会中，实行自由投资的企业家，聘用自由之身的劳动力或雇员。人们在商品市场上自主决策，自由买卖；在资本和信息市场上，随行就市地自主交易。整个社会不断地组合，逐渐地形成了一种平等交换的契约关系。因此，以权利和义务为核心（简称"权利"）的价值观，便成为社会共同的行为导向。

权利是法治社会的基本价值观，体现为契约式权利与义务对等的关系。围绕着人的权利与义务关系，进而演化建立起一整套价值观念体系和行为方式，深入到生活每一层面。

虽然以权利价值观为基础的当代价值体系适应了工业文明社会的现状，具有一定的优越性。但是，在"人本主义"或者是"以人为本"的基础上形成的"权利"价值观，仍然具有特定的历史局限性。

人类作为一种生物体，只是自然界中的有限存在，受制于自然与社

会规律。人不能成为衡量万物的尺度，也不能将自身的权利成为终极目标。况且人类本身就应该老老实实地遵循客观法则和物质规范。脱离人类赖以生存的地球环境，忽略人类进化的漫长历史过程，不去考虑人类的未来，简单地强调以人为中心，既缺乏逻辑说服力，也缺乏历史的说服力。

大量的社会实践已经证明：以人权作为社会的基础性价值观念，强调人本主义原则，忽略人与自然的共生关系，无视自然规律，已经致使人类和自然的矛盾开始激化。在人本主义的指导下，人类无节制地向自然索取，导致环境急剧恶化，资源枯竭，气候变暖，荒漠化蔓延，水污染、土壤污染和空气污染，大批生物灭绝。由此而造成人类自身的整体生存危机。同时，也造成社会成员之间的关系危机。

实践还证明，以追求物质财富和个人权利作为社会的价值导向，很容易导致经济上贫富两极分化，导致群体政治的纷争，导致社会道德的沦丧以及发展上的整体衰败。

人权不能再作为最基础的价值观念而存在了。在未来社会中，人的权利将建立在更为基础的价值观上面。本书对未来社会的基础价值观，进行了较为充分的论证和说明。

## 十、以人为本的执政理念受到挑战

传统的政治家认为：人的本性是喜欢富足和安逸，只要从民所欲，满足他们不断增长的物质和文化需要，社会就会稳定，国家也会强大。

但在现实生活中，情况并非完全如此。当人们处于贫困与饥饿之中，富足与安逸固然是人性追求。当人们天天大鱼大肉，饫甘餍肥，得了一身富贵病时，粗茶淡饭和劳作节食，也是人性的追求。在劳累疲乏时，自由闲暇就是人性的追求；当无所事事时，繁忙充实也是人性的追求。高官厚禄是人性的追求，闲云野鹤也是人性的追求。所以，人性是相对的，人生目标也是相对的，也许，只有平衡状态才是美好的。

人生奋斗拼搏，孜孜不倦地追求，其目标往往可望而不可即，但由此产生的源源动力，却成为生命之泉、健康之泉和幸福之泉。辛劳付出不图回报，其本身就是回报。

拥有长远目标，获取不竭动力；了解人生意义，调节身心平衡。这不仅是维护身心健康的有效方法，也是长久地凝聚民心，使国家富强、社会安定，进而使人类与自然和谐的有效方法。所以，无论是个人，还是民族与社会，均需要有信仰和追求。

## 十一、人类命运共同体——将转化成为人类共同的信仰

人类已经脱离蒙昧时代，进入了现代文明。可是，今天的世界却非常不太平。当人类掌握可以摧毁地球生态体数次的核武器时，各国领袖还有必要为了无休止地争夺或遏制，放任极端宗教势力泛滥，而自相残杀，最终让人类全部毁灭吗？

现代人类必须正本清源，面对现实，跨越种族、民族、国家、阶级、群体和宗教的纷争，找到能够统一认识的最大公约数。共同敬奉并致力

于保护地球生态体——人类命运共同体，这是当代人类社会的唯一选择。

人类命运共同体不仅是人类追求的目标，是全球化的旗帜，它也必将会转化为人类的共同信仰。

在新的信仰引导下，人类将从自然界的一种生物，演变为维系地球生态的主导者，具有了新的自然存在方式和基本使命。人类命运正面临着彻底改变！

《人类的使命》一书，不仅论证了这个发生在世界范围内的重大变革，从全新的视角进行说明，为其提供较为全面的理论。并且，还以人类命运共同体的信仰——人类的基本使命为核心，勾画出一个既符合当前改革的需要，又适用于未来社会的系列人文思想轮廓。这其中包括世界观、价值观、伦理观、道德观、方法论，也包括信仰、修身、益行和养生等。希望本书的内容，能为仁人志士们所借鉴，能让黎民百姓们获收益。

欢迎大家来指正！谢谢！

金建方

2018年5月

# 目录

第一部分　人与自然

◆ 世界篇 / 003

第一章　地球与生命 / 004

第二章　意识和观念 / 009

第三章　存在与规范 / 012

第四章　智能大爆发 / 021

第五章　世界的构成 / 026

◆ 生态篇 / 031

第六章　生物体 / 033

第七章　生态体 / 040

第八章　生态体的法则 / 048

第九章　生态体内系统 / 059

第十章　生态体运行机制 / 064

第十一章　生态体运行规律 / 070

第十二章　生态体的机理论 / 085

◆ 信仰篇 / 094

第十三章　信仰的来源 / 092

第十四章　信仰的践行 / 099

第十五章　以地球生态体为本 / 106

第十六章　人类的基本使命 / 111

第十七章　遵循自然法则／117

第十八章　地球生态守护人／122

第二部分　人与社会

◆ 价值观篇／128

第十九章　价值观和价值体系／128

第二十章　农业社会的价值观／131

第二十一章　工业社会的价值观／134

第二十二章　生态社会的价值观／140

第二十三章　价值观的社会基础／144

第二十四章　价值观在社会架构中的位置／148

◆ 伦理道德篇／152

第二十五章　伦理道德综述／153

第二十六章　生育和家庭伦理／162

第二十七章　经济伦理／168

第二十八章　社会伦理／183

第二十九章　政府伦理／192

伦理道德篇小结／198

◆ 明伦篇／199

第三十章　明辨伦理义的规范／200

第三十一章　明辨伦理信的规范 / 205

第三十二章　明辨经济伦理规范 / 211

◆ **修德篇 / 214**

第三十三章　修习爱德 / 215

第三十四章　修习恕德 / 222

第三十五章　修习礼德 / 227

第三十六章　修习智德 / 231

第三十七章　修习勇德 / 242

第三部分　人与自身

◆ **益行篇 / 249**

第三十八章　人的能力 / 250

第三十九章　人的资源 / 258

◆ **养生篇 / 266**

第四十章　心理养生 / 267

第四十一章　饮食运动 / 280

**后记 / 292**

第一部分 / **人与自然**

————————

# 一 · 世界篇 · 一

探索人类的使命，就需要知道：人类是从哪里来的？又会到哪里去？人的生存意义究竟又是什么？这些是最基本的，且又无法回避的人生问题。

从远古时代，人类流传下来许多关于创世的神话故事。中国有盘古开天辟地、女娲补天和羿射九日的传说；西方也有上帝（神）在七天内，创造了天地万物和人类的故事。时至今日，这些传说和故事，仍然具有非常广泛的影响力。

今天，为了探寻方向，明确人类的使命，我们需要在科技昌明的基础上，重新启动一次对世界的再认知过程。

本篇回答了人们观察世界时，经常会思考的问题：

我们的世界是怎样形成的？生命如何演化？人的观念意识是如何产生的？

本篇重点说明了：物质有两个基本属性，即存在属性与规范属性。

物质以多种形态存在，共同构成这个灿烂多彩的世界。人类只要掌握物质规范，就可以创造出新的物质存在。

本篇还回答了：智能又是什么？人工智能大爆发会对地球生态环境产生哪些影响？整个世界及宇宙是怎样构成的？我们的世界共有多少个层次？

# 第一章　地球与生命

地球是太阳系八大行星之一，距离太阳约 1.5 亿千米。地球内部结构有地壳、地幔、地核；地球外部有水圈、大气圈以及磁场。地球目前仍然是宇宙中已知存在生命的唯一天体。它是包括人类在内，上百万种生物的家园。尽管我们还在寻找其他存有生命的天体。

## 一、地球形成

地球大约是在 46 亿年前形成的。初生的地球，在旋转过程中，逐渐地凝聚和收缩。重物质沉向内部，形成地核和地幔，较轻的物质则分布在表面，形成地壳。

那时候，地壳较薄，地表温度很高，地面上的环境与现在完全不同。空中，烈日炎炎，电闪雷鸣，星光耀眼；地上，火山喷发，熔岩横流，赤野万里。

从火山中喷出的气体，构成了原始的大气层。原始大气层的主要成分是氨、氢、甲烷、水蒸气，还有少量的氮气。水是原始大气的主要成分。由于原始地球的地表温度高于水的沸点，所以当时的水都是以水蒸气的形态存在于原始大气之中。

随着地球变冷与收缩，地表不断散热，水蒸气逐渐被冷却。当地面温度降到沸点以下时，倾盆大雨就会从天而降。落下来的水，又流到地球表面低洼的地方。于是，便形成了江河、湖泊和海洋。

科学家称那时的海洋为原始海洋。原始海洋盐分较低，而有机物质却异常丰富，成了"生命的摇篮"。在生命出现之后，光合作用使得游离氧能够从二氧化碳中释放出来。空气中开始有了氧气。

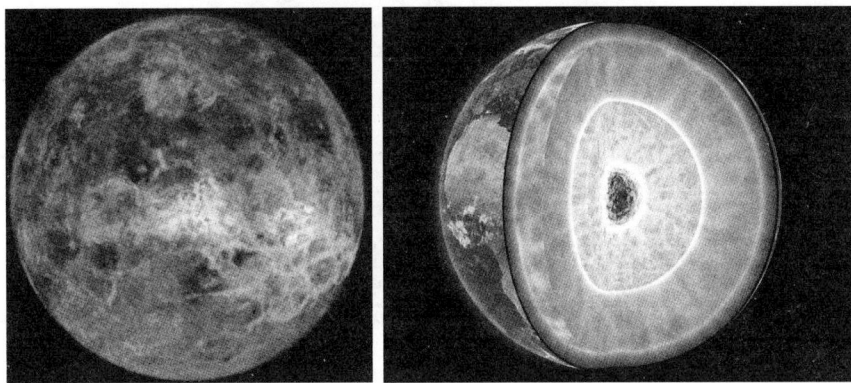

图 1-1　地球的历史

## 二、生命演化

物质演化到一定阶段，在极为特定的条件下，就有可能产生生命物质。

地球上的生命体中，都包含了碳、氢、氧、氮、磷等元素。这些元素构成了氨基酸。氨基酸按一定序列，组合构成蛋白质。

蛋白质是生命的物质基础，是生命活动的主要承担者（见图 1-2）。

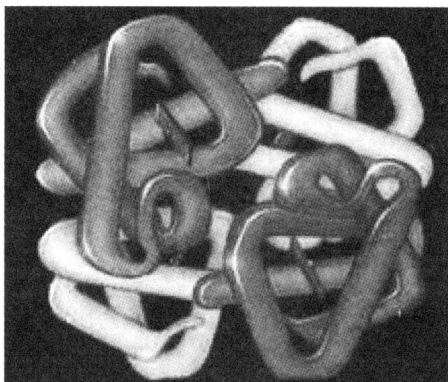

图 1-2　蛋白质四聚体(四级结构)

细胞是生物体的基本单位，而蛋白质是构成细胞的基本有机体。绝大多数细胞体形微小，只有在显微镜下才能观察到。已知的生物，除了病毒之外，都是由细胞构成的。即使是病毒，也需要在细胞中生存。细胞外面有层膜，里面是细胞质和细胞核。细胞有运动、营养和繁殖功能。细胞可以通过分裂方式大量繁殖，也会凋亡（死去）。一般说，细菌等大部分微生物是由一个细胞组成，称它们是单细胞生物。高等植物和动物则是多细胞生物。人体由几十万亿乃至上百万亿个细胞组成。

生物进化到一定阶段，开始出现"自养"与"异养"之分。"自养生物"利用阳光、空气中的二氧化碳、水和土壤中的无机物来制造有机物，供养自身并繁殖，它们主要包括绿色植物和部分微生物。自养生物像个"生产者"，利用光合作用，为我们的世界不断地提供有机物质。而"异养生物"呢？它们只能吸收有机物质来维持生命。绝大多数动物和微生物都是异养生物，需要食用植物和其他动物来存活与繁衍。异养生物更像个"消费者"，需要不停地消耗自养生物提供的各种有机物质。

一些异养生物为了觅食，逐渐演化成"动物"，向灵活运动方面发展。并且，动物还演化出"嘴"、"食道"和"肛门"，可以更好地摄入、消化食物和排泄残渣。

动物在觅食与捕食过程中，需要不断地四面观看、听声音与闻味道。所以视觉、听觉与嗅觉的器官就慢慢地演化出来。

外界的信息从眼睛、耳朵、鼻子与舌头等器官输入后，又需要集中处理和记忆，需要作出快速反应。脑组织器官又会演化，逐渐地发达起来。动物脑和人脑都是巨量神经回路的中枢区，可以控制运动，产生感觉，做出决策，实现各种脑功能活动。

我们知道，绿色植物处于食物链的低端位置。动物按食物类型划分，可以分成草食动物、肉食动物与杂食动物。草食动物以植物为主要食物，处于食物链的中端。肉食动物以草食动物和其他动物为主要食物，处于食物链的高端。杂食动物以植物、草食动物和其他动物为主要食物，也处于食物链的高端。

人类是杂食动物，处于食物链的高端，但不是顶端。人类仍然会被各种微生物攻击。人过世后，其遗体也会被异养细菌分解，变为其他有机物，然后会被植物吸收，进入食物链的又一轮循环。

人类是从灵长类动物一步步地演化而来。人类能够制造精致的工具，并熟练地使用工具进行劳动，有丰富的思维能力和创造能力，可以改变或修复环境。

自然界养育了人类。人类也应以同样的方式回报自然界，共同关爱地球家园。

生命物质的演进过程如图1-3所示：

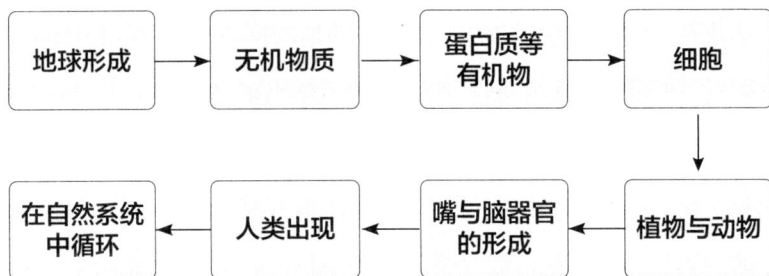

```
┌─────────┐    ┌─────────┐    ┌─────────┐    ┌─────────┐
│ 地球形成 │ →  │ 无机物质 │ →  │ 蛋白质等 │ →  │  细胞   │
│         │    │         │    │ 有机物  │    │         │
└─────────┘    └─────────┘    └─────────┘    └─────────┘
                                                   │
                                                   ↓
┌─────────┐    ┌─────────┐    ┌─────────┐    ┌─────────┐
│ 在自然系统│ ←  │ 人类出现 │ ←  │ 嘴与脑器官│ ←  │植物与动物│
│ 中循环  │    │         │    │ 的形成  │    │         │
└─────────┘    └─────────┘    └─────────┘    └─────────┘
```

图1-3　生命进化

自然系统包括：水循环系统、气态循环系统、沉积循环系统以及食物链循环系统等。

# 第二章　意识和观念

生物的观念意识与大脑相关。有了大脑就会有观念意识。人有观念意识，有大脑的生物也会有观念意识。大脑是观念意识产生的物质基础。

意识是大脑对自身和周边事物的观察和感觉。观念是意识经系统化以后的集合。意识被集合成观念后，就能够用来进行广泛的人际间交流，发展出多彩多样的社会关系。

大脑在生物体中有着特定的功能作用。从生物体整体构成当中来看大脑的作用，就可以比较清楚地知道：观念意识的由来、观念意识的作用、观念意识的发展方向。

动物进化后，逐渐形成的专有器官，用于信息搜集和处理。以人脑为例：大脑由脑皮层、脑髓质和基底核三个主要部分构成。人脑主要的功能是接受人体内外的感觉信号，进行传输、存储和处理，实现各种脑功能活动，包括做出决策，然后再输出，存储、传输来产生或控制人体活动，用以保障人的生存与繁殖需要。

请注意，计算机的工作方式与大脑的工作方式非常相似。

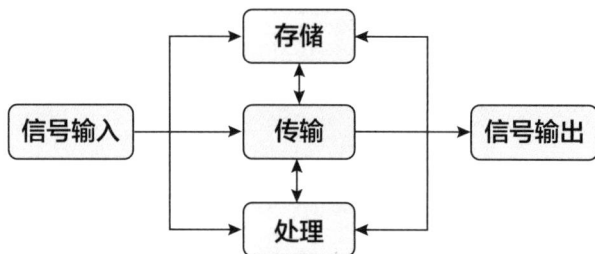

图 2-1　大脑的工作方式

大脑在人体中，主要执行感觉、思考、记忆和外部活动指挥等功能作用。大脑可以直接调动四肢、头颈、躯干、呼吸、排泄、生殖等人体器官组织的活动。但是，大脑无法直接指挥人体内部器官和机体组织，让它们怎样去工作与运行。大脑甚至无法干预人体外部的皮肤、头发、指甲和体毛的生命活动。人体内部的血液流转，消化与吸收活动，体液的流转，免疫系统的工作，内分泌系统活动等等，都需要用另外的方式去组织。它们是由人体生态的内部法则、规律和机制来进行彼此间的协调与平衡。

大脑与人体其他各器官组织各司其职。同时，大脑也需要人体其他部分来供养。正是因为这种专业化分工的结果，使大脑可以从事更多的活动，能够专注于思考和探索。但我们同时也需要注意：正是由于这种严格的分工，会使一些人产生了错觉，以为大脑意识可以脱离人体存在，成为一种单独漫游的"灵魂"。

人的观念意识可以在大脑功能内自由驰骋，还可以通过语言交流、数据交流、图像交流、影像和音像交流，将自己的观念意识与其他人的观念意识活动连接在一起。每个人的大脑就像一台单独的个人电脑，功率有限。如果联合起众人智慧，就像把计算机联网一样，便可以极大地提高人脑功能，开发出更多的新知识，更好地把握物质规范。

"人脑联网"的方式很多。有报刊、杂志、广播、电视等媒体；有互联网、电脑、手机等传播载体；有谈话、社交、聚会、学习、研究、讨论、会议等沟通方式；有书籍、电影、戏剧、演出、书面往来等传播方式，等等。在人际交流中，观念意识会不断地形成、积累与扩大。

近20多年来，信息技术高速发展，令人瞠目。计算机处理速度之快，存储量之大，远远超过人类大脑的功能，而且还在以万倍、亿倍、万亿倍的速度增长。人工智能时代正在到来。当今时代，信息流量之大，信息存储量之多，已经大大地超越历代的总和，呈现出信息大爆炸状况。人类开始进入一个前所未有的新世界。

人类观念意识以社会化的方式迅速发展，不仅使生活更加丰富多彩，满足了人们交往上与心灵上的需求，而且还拓展人脑的功能，使人类整体具备更多的知识，可以洞悉客观物质规范，从而具备了更为强大的智能。人类运用智能，就可以前去改造自然界，驾驭自然界。

# 第三章　存在与规范

物质有两个基本属性，即"存在属性"与"规范属性"。存在属性说明：任何物质都是一种现实的存在。规范属性说明：任何物质都是规范的，有规则与规律可循。两者不可分割。

## 一、存在

存在属性比较好理解。"存在"就是"有"。我们周边的房子、街道，马路上行驶的汽车，都可以被我们看到或听到。我们可以直接感觉到它们的物质存在。

坐在房间里，我们看到四面墙壁、天花板、台灯和家具。脚下是坚实的地板。房间中央是透明的空间。阳光和灯光洒向各处。瓶子中的水玲珑剔透。电视播出的画面可以被眼睛看到，传递出的信息被耳朵听到，还能留在大脑的记忆中。

我们周边发生的一切，都是物质的存在。其中有固体形态的、气体形态的和液体形态的物质，还有以能量形态和信息形态存在的物质。

固态物质比较稳定，就像我们的房子和家具，能够长时期保持其形状不变。

液态物质比较活跃，经常在流动和变化。例如水在常温下是液体，在地面与地下流动。水在摄氏零度以下，会变为固体，成为冰、霜与雪。水在摄氏 100 度以上，又会变成气体，成为云彩或雾气。水是地球上存量最大，且最为活跃的液态物质。水是生命物质的主要来源。

气态的物质大多是透明的，肉眼很难看到。我们直接观察到的"空间"，实际上充满了气体，其中主要是氮气、氧气和二氧化碳。

能量形态的物质以光、热、电、磁方式存在，也可以通过机械能、化学能、生物能等等方式表现出来。电灯能够发光，照亮我们的房间，靠的是电能。汽车能够行驶，是通过内燃机内的燃料燃烧后，产生的热力能量，来推动机械传导装置，变为机械能，再带动车轮转动。人体能够移动，人能够工作与学习，主要靠消化食物后产生的生物能量。太阳的光与热，是地球获取能量的主要来源。

"能量"是物质存在的一种形态，它是物质在运动中转换的量度。由于物质的形态、大小与质量不同，表现的能量也不同。固体物机械运动对应的能量是"动能"；分子运动对应的能量是"热能"；原子运动对应的能量是"化学能"；带电粒子定向运动对应的能量是"电能"；光子运动对应的能量是"光能"。此外，液态物质对应的还有"潮汐能"；气态物质对应的还有"风能"。宇宙中星光灿烂，光与电不断地传导，广阔的太空中充斥着各种各样的物质。

信息形态的物质主要与人类的意识观念相关。在人类活动中产生的各种信息，可以被传输、储存和处理，转换成知识，荟萃成理论，不断地积累。信息帮助人类获取巨大的成功。信息也发生在一般生物之间。蚂蚁群体通过信息传递，可以一起筑巢、觅食，与入侵者展开战斗，还能共同养育下一代。蜘蛛捕食，狼群围猎，鱼群洄游，都有自己的特定的信息传递与处理方式。非生命物质也可以产生信息、传输信息、存储信息和处理信息。我们现在使用的通信与计算处理设备，都是用非生命物质制成的。

人的意识是一种存在。所以人的意识活动，作为信息，它也是一种物质形态。但是，有些在意识中被想象出来的人物或物品，它们在现实世界中并不存在，所以就是"无"。被想象出来的人物或物品不是本原意义上的真实物质，只是一种意识存在。

当然，我们还可以换一种方式来说明这些虚拟事物。如果建筑师设计出一栋楼房，画出图纸，但没有开工建设，这栋"楼房"还只是一种信息形态的物质存在，而不是物理意义上的实体物质存在。这栋拟议中的"楼房"，只存在于意识与信息中，不存在于现实的物理世界中。

物质存在的形态很多，以上只列举了五种。今后还会发现更多的物质存在形态。如图 3-1 所示：

物质 ——
——— 固体形态
——— 液体形态
——— 气体形态
——— 能量（电 磁 光 热 核 机械）
——— 信息（知识 观念 思想 意识）
——— XYZ形态

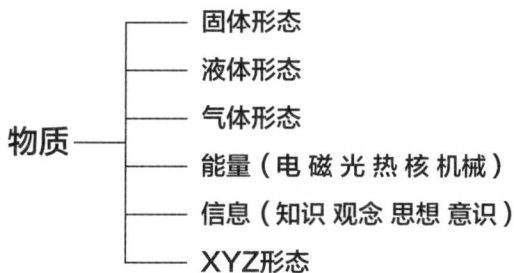

图 3-1　物质形态划分

另外，物质按其构成，还可区分为：有机物质与无机物质，生命物质与非生命物质。

## 二、规范

物质的"规范属性"从感性上比较难于直接理解。现实世界五彩缤纷，变化多端，令人困惑。所以人们需要借助理性、科学，甚至是宗教等思想工具，来具体地把握物质规范属性。

宗教可以用"神"的旨意，来预示或解释那些未知的物质存在规则，让人们自觉地遵循物质世界运行中的法则与规律。但也不排除，在很多情况下，"神的旨意"就是牧师个人的旨意。这得要靠信徒们自己来鉴别了。

物质的构成、运动、空间广延、时间延续等，都是对其规范属性的不同描述与理解。人们通常使用一些参照标准来把握物质规范。例如：空间、数量、运动、时间、质量和重量，等等。这些参标数量化，就变成参数。应该注意，这些参数都是相对的，它们只是相对于人对物质存在与规范的理解，因此参数也不是固定的。

数学是对物质规范属性的空间与数量的抽象研究。数学中假设一个"点"，点的移动变为"线"，线在二维空间形成"面"，面在三维空间形成"体积"等。虽然数学可以运用抽象方法进行推导。但是仍然要注意：数学的基础与目的，是对物质规范的理解。没有物质的客观存在，也就无所谓空间、数量、质量与重量；没有物质的存在，就不会有运动概念和时间上的延续。物质存在与物质规范不能分割，二者为一体，都是物质的基本属性。有人认为在现实世界之外，还存在一个规范世界。这是一种误解。

人类迄今为止，在数学、物理学、化学、生物学、生理学等自然科学方面取得巨大进步，已经在相当程度上理解并把握物质的客观规范性。例如，俄国科学家德米特里·门捷列夫（1834-1907）发现了化学元素周期律，制作了第一张元素周期表。他曾预言：元素周期表上的空缺，将由未知元素来填补。在门捷列夫预言后的 20 年间，陆续发现了三个新元素，填补了表上的空缺。人们在自然界中已经发现周期表中的从 1 到 118 序号的全部元素。按照门捷列夫的周期律，即使在自然界无法找到的元素，也能够测定它们的结构，用人工方法合成出来。

图 3-2　德米特里·门捷列夫

　　金刚石是已知天然物质中最硬的物质，可以用它来切割硬质合金材料。金刚石是由碳元素组合而成的结晶体。石墨是较软的天然矿物之一，可以用来制作铅笔芯，把它的黑色物体涂写在纸上。石墨也是由碳元素组合而成的。

　　金刚石与石墨都是由同样物质元素组成的，一个却是地球上最硬的天然矿物，一个又是地球上较软的天然矿物之一。二者不同之处，仅仅在于它们的原子排列结构。金刚石结构中的每个碳原子与相邻的四个碳原子形成正四面体（见图 3-3 上侧结构图）。石墨的碳原子结构是多个六边形组合，像蜂窝一样（见图 3-3 下侧结构图）。

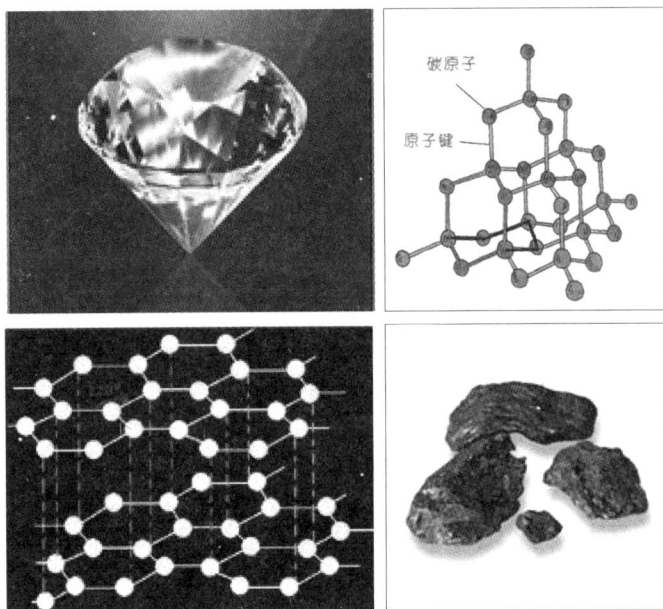

图 3-3 金刚石(上)与石墨(下)的外观和原子排列结构

人们确定金刚石的原子结构后，就可以用人工合成金刚石或宝石。

人类只要掌握物质规范，就可以制造出新的物质产品，创造新的物质存在。严格讲，人的意识只有掌握了物质规范，在具备了特定条件后，才能使新事物发生。意识自身是无法随心所欲地造出新物质的。没有条件，不做努力，新的事物也不会因想象而发生。

在当代，化学工程师们只要找到好的工艺路线，就可以用人工办法合成或制造出自然界所没有的、全新的原材料。技术工人们用物理机械方法生产新产品。科学家们还可以用转基因技术创造出新的生物品种，用克隆技术实现各种生物的无性繁殖，包括克隆人。

当今的人类，不仅能在天空飞翔，在海底遨游，还能在月球上漫步。人们可以看到千里之外的情况，与万里之外的家人自由交流，还可以像"上帝"一样，创造出各种生物甚至人类自身。当今的人类，已经具有古代传说中"神"一般的能力了。

物质规范正在被人类不断地掌握，可以被直接用来改变环境和人类本身。

因此，物质的规范属性可以理解为：物质规范是客观的，与物质相伴而生。它既存在于人的观念意识之外，不以人的意志为转移，又可以被观念意识所理解和所把握。

观念意识本身也是物质，它们也有规范属性。

物质的存在属性与规范属性相辅相成，不可偏废。人们可以先认识到物质的存在，继而慢慢地认识到物质的规范；也可以先认识到物质的规范，进而再发现物质的存在，例如对未知天体的推算与发现。

物质的存在属性与规范属性的同一关联性质，解决了千百年来有关"物质"与"精神"的各种争论。即所谓物质是第一性，精神是第二性；或者精神是第一性，物质是第二性；或者精神与物质是二元性的等等观点。历史上，人们常常把物质的"存在"理解为"物质"的唯一属性，把"精神"这一类似于物质的规范性的范畴，理解为脱离物质而存在的"道"与"神"，或者是宇宙中的"绝对精神"等。

存在与规范的统一性，使人们对物质有了全新的解释和理解。存在的就是规范的，而规范的，则必须具有客观存在性。关键在于，人们是否认识了该存在的规范性，或者是否发现了该规范的现实存在物。

科学的作用在于通过存在发现规范，又通过存在去检验或修正对规范的认识。神——只是一种对未知规范进行描述的代名词。

# 第四章　智能大爆发

我们已经探讨了生命物质，探讨了观念意识，又探讨了物质的形态和属性。现在，可以把物质概念中的几方面关系概括一下：

（1）物质演进到一定阶段，出现了生物。

（2）生物演进到一定阶段，又出现了意识。

（3）物质以各种形态存在着，同时物质又是规范的，有法则和规律可循。

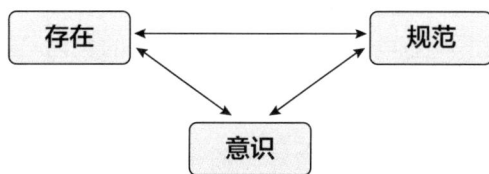

```
┌────────┐          ┌────────┐
│  存在  │◄────────►│  规范  │
└────────┘          └────────┘
     │                   │
     └────────┐ ┌────────┘
              ▼ ▼
          ┌────────┐
          │  意识  │
          └────────┘
```

图 4-1　意识与物质属性间的关系

　　人的意识通过感性，了解物质的存在；又通过理性，认识了物质的规范。当人类意识不断地去认识物质规范，由此积累并演进到一定阶段，就会产生智能。

　　智能是对物质规范的把握能力，也是对物质存在的反作用能力。

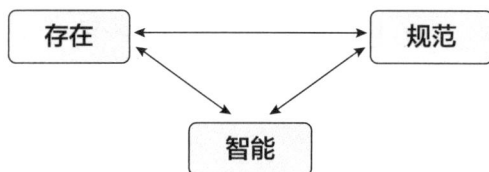

图 4-2　智能与物质属性间的关系

　　智能是意识的高级存在形式。智能在特定条件下，对物质的存在与规范，均会产生巨大的反作用力。可以在一定的程度上去改变物质存在，相应地去发展出新的物质规范。当然，智能也是物质，也要受物质属性的制约。

　　人类社会正处于智能大爆发的前夜。我们必须做好充分的准备。否则，人类社会将会经历巨大的痛苦，获得惨重的教训。看看已经发生的核污染，再看看当前随时有可能爆发的核战争危机，以及转基因的危害等等。当然，"智能大爆发"主导方面是积极的。它会带来巨大进步，将会把人类和整个自然界带入一个全新的纪元。

　　我们的世界是这样演进的：

图示 4-3　地球物质演化史

在地球 46 亿年的历史中，经历了一次根本性的巨变——寒武纪生物大爆发（Cambrian Explosion）。寒武纪距今为 5.42 亿年前至 4.88 亿年前。在这之前的几十亿年中，地球是一片死寂。虽然有单细胞和少量多细胞的原始低等生物生存，但它们不足以明显改变生态环境。所以，我们称这个时期为生态沉寂时期。

在寒武纪时期，大量生命物种突然出现。特别是多细胞的植物与动物爆发式出现，极大地改变了地球生态环境。这个过程一直延续到今天。我们称这个时期为生态勃发时期。

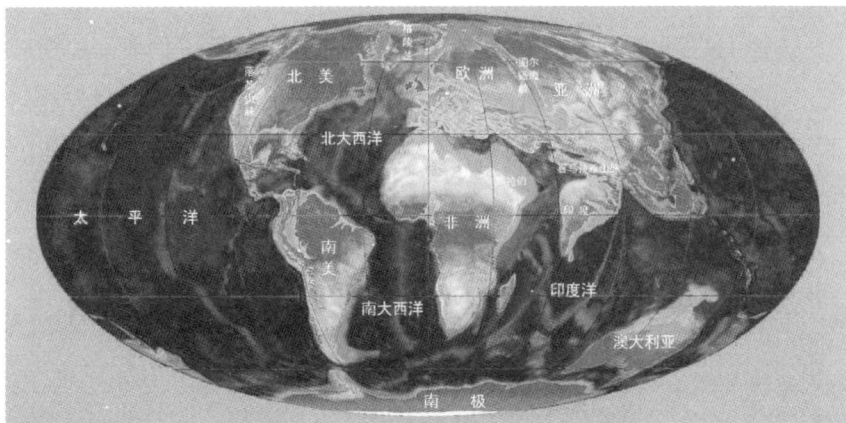

图 4-4　寒武纪晚期地球海陆分布图

如今在地球开始了第二次根本性的巨变——智能大爆发（Intelligence Explosion）。智能大爆发主要由人类这一地球上的特定生物物种来执行。智能会改变物质存在，发展出新的物质规范，将极大地改变地球生态环境。

图 4-5　地球开始进入智能大爆发阶段

我们称智能大爆发之后的这个时期为生态文明时期。

因此，地球的生态演进历史，可以做如下的初步划分，如图 4-6 所示：

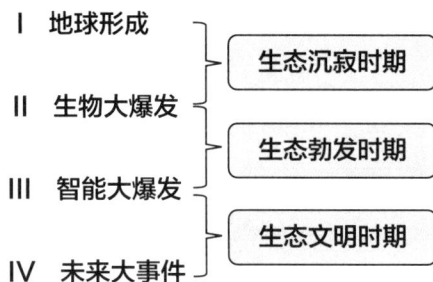

| | |
|---|---|
| Ⅰ　地球形成 | 生态沉寂时期 |
| Ⅱ　生物大爆发 | 生态勃发时期 |
| Ⅲ　智能大爆发 | 生态文明时期 |
| Ⅳ　未来大事件 | |

图 4-6　地球变迁的主要阶段

图 4-6 中的 IV 未来大事件，应该与人类的存亡和地球的重大变迁相关联。

人类从最初的森林古猿分化出来，经过数百万年的进化，由猿人变为直立人。这期间，人类仅仅是自然界的一个动物物种，就像母体中的胎儿一样。

当人类从直立人进化成智人，能够使用简单工具时，人类历史正式开始，如同婴儿呱呱落地。

农业文明使人类走进"童年"，有了童年梦想，会讲童年故事。这期间，各种文化，包括宗教，慢慢地兴起。

工业文明使人类进入少年时代，智能逐渐地发育起来。这期间，人类追求的主要目标仍然是：更加丰富的生活资料；占据更大的生存空间；繁衍子孙后代。人们也希望拥有更为平等的权利，享受更好的社会机遇和福利待遇。

而从今往后，人类开始进入"青春发育期"。此时，人类的智能将会快速发育，逐步地成熟。

进入"成年期"的人类，将逐渐地摆脱自然界生物本能的束缚，脱胎为新的自然存在角色。

人类需要审视自身命运，重新明确其在自然界中的定位。目前人类正在成熟，将会开始肩负起维护地球生态圈的历史使命。

# 第五章　世界的构成

我们周边的事物形形色色，变化万千，非常丰富。这些物质都是由更小的物质单位，一层又一层，迭代组合而成的。微小的物质很难被观察到。人的眼睛，连单细胞的细菌都看不到，更何况是细菌体积 500 万亿分之一的"原子"了。

原子是化学反应中的最小粒子。世界已发现的原子有 118 种。这就是说，地球上能被人看见的物质，都是由这 118 种原子（元素）构成的。但是，原子也不是最小的物质单位。原子内部还有原子核，以及围绕原子核旋转的"电子"。

原子核又是由众多的"质子"和"中子"组合而成的。质子质量大约是电子质量的 1836.5 倍。而质子呢？又是由若干更小的"夸克"（层子）构成的。质子带有正电荷，原子核外电子带有负电荷，质子数与核外"电子"数正好一致：质子数＝原子序数（就是元素序号）＝核外电子数，中子数＝质量数—质子数。

我们的物质世界是如此的规范。请见图 5-1。

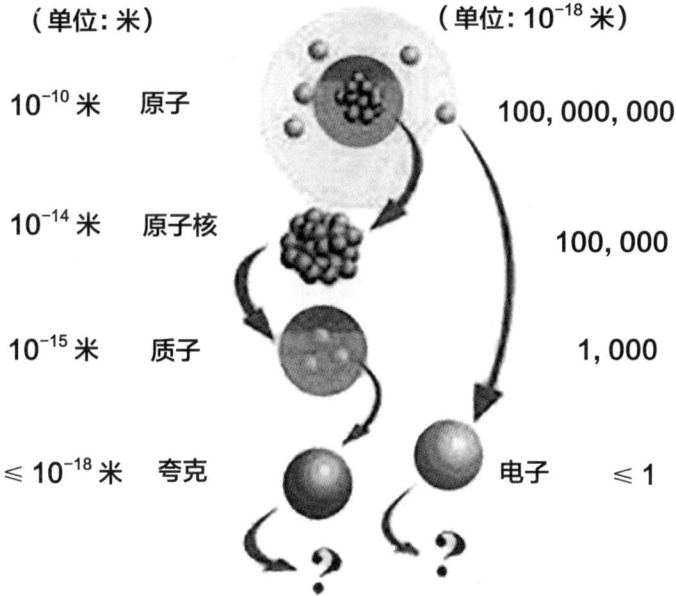

| （单位：米） | | （单位：$10^{-18}$ 米） |
|---|---|---|
| $10^{-10}$ 米　原子 | | 100,000,000 |
| $10^{-14}$ 米　原子核 | | 100,000 |
| $10^{-15}$ 米　质子 | | 1,000 |
| $\leqslant 10^{-18}$ 米　夸克 | 电子 | $\leqslant 1$ |

图 5-1　原子内部结构关系及大小比例

夸克和电子是否还可以再细分成更小颗粒单位呢？不得而知。至少我们现在可以在此基础上了解世界的物质层次与构成，从而获得一张总的物质世界"全景图"。

我们的世界可以大致划分为 19 个层次，从小到大，从微观到宏观：

第 1 层次：是夸克、电子等基本粒子级别的物质；

第 2 层次：是质子和中子体积的物质；

第 3 层次：是原子尺度的物质；

第 4 层次：是小分子的物质世界——水分子、二氧化碳分子、碱基、氨基酸、葡萄糖等有机小分子；

第 5 层次：是高分子和生物大分子的物质世界——蛋白质、核酸、多糖等；

第 6 层次：是细胞原件——核糖体、膜、染色体、微管、微丝的物质世界；

第 7 层次：是细胞器——线粒体、叶绿体、细胞核等的物质；

第 8 层次：是微生物及活体单细胞的物质世界；

第 9 层次：是普通生物和我们人体尺度相仿的物质世界；

第 10 层次：公司、社团、社区、城镇是属于这个层次的物质存在；

第 11 层次：国家以及跨国联盟是属于这个层次的物质存在；

第 12 层次：世界范围的人类社会是这个层次的物质存在；

第 13 层次：整个地球是这个层次的物质存在；

第 14 层次：太阳系是这个层次的物质存在；

第 15 层次：银河系是这个层次的物质存在；

第 16 层次：本星系团是这个层次的物质存在，用现代望远镜，可以获知有 500 亿至 1000 亿个本星系团；

第 17 层次：室女座超星系是这个层次的物质存在；

第 18 层次：宇宙间有无数个室女座超星系，构成我们至今称之为宇宙的物质存在；

第19层次：是人类还没认识到的，也许永远认识不到的物质存在。

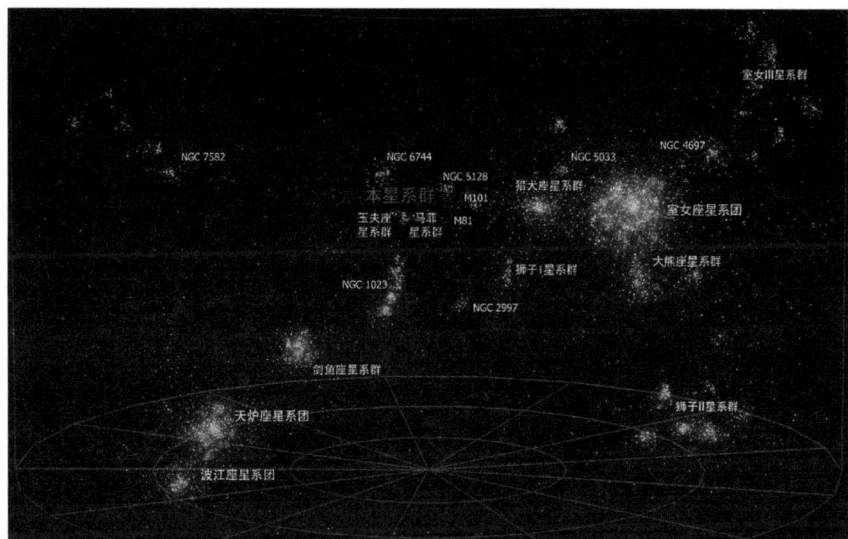

图 5-2　室女座超星系团

宇宙是无穷无尽的、无始无终的物质存在。以人类短暂而又有限的历程，是不可能穷尽对物质的存在与规范的全部认识。没有人可以掌握"终极真理"，唯有不懈地努力。

细看这个19层次的物质世界全景图，我们可以得知：从第1层次到第9层次，属于物理学、化学、生物化学、生物学、生理学和医学等自然科学的研究领域，人类智能已经取得重大进展，建立了较为一致的科学理论体系。从第14层次到第18层次，属于天文学与天体力学等自然科学的研究领域，人类智能也取得重大进展。唯有从第9层次到第

13 层次之间，特别是对第 10 层次和第 12 层次的物质存在研究，人类却难以取得一致。其中各种学派、思想、主义和意识形态不断地兴起与陨落。它们彼此对立，相互冲突，进而还引发人群、族群、宗教与国家之间的不断冲突。

　　哲学、社会科学与神学，它们彼此之间难以兼容，其主要原因是没有找到一套很好的方法论体系，将这个非常复杂的物质存在关系梳理清楚。社会关系是一个复杂系统，不可能像物理与化学关系一样，用一个简单的数学公式就可以表达清楚。

　　在人类智能行将爆发的今天，建立起全新的哲学社会科学，提高人的认知能力，树立全新的价值观念体系，用以规范和指导人类的行为，已经成为当务之急。

## 一·生态篇·一

　　传统的社会科学，除了用公理假设进行推导外，主要侧重于对历史的研究。希望从历史上的事件、人物、活动、数据等经验来进行借鉴，由此能够预测未来。但是，这种方法往往不尽如人意。因为无论是自身的历史，还是他人的历史，均受当时的特定环境影响。条件变了，结果也会变化，历史不会简单地重复。

　　生命物质进化成人类，经过千万亿次的迭代组合，结构非常复杂。人是活性动物。在自然界和社会中活动，人的行为受到自身的局限，受到条件与环境以及其他各种各样的影响，偶然发生的成分很大，往往难以找到一致的规律。

　　简单系统的研究方法，例如物理学的研究方法，一旦用于人类社会领域，便难以奏效。在社会实践中，人们发现，不能期待用一种简单的方法，就可以穷尽各种关系。人类社会是一个复杂系统。而复杂系统，则需要另外一套完整的理论体系及方法论，去予以解释和把握。复杂系统具有特定的运行法则和规律。

在现实生活中，人们往往会意识到：人类社会与自然界，均受到一种"冥冥中力量"的控制。许多事物都会有特定"命运"，会按一定法则运行。为此，人们不得不继续去探究：这种能够支配自然界与人类社会的神秘力量，究竟是什么呢？

在人类的知识体系中，有一种粗略划分。我们可将对已知"物质规范"的知识部分，称之为科学知识；把对未知"物质规范"的各种感知，称之为神学或者是神的知识。还有一部分的知识介于科学与神学之间，以经验、感知、哲学和累积文献等方式存在，是一种对"物质规范"不完全认知的知识。当代人类的所谓"社会科学"，其中多数都属于这一领域。科学的进步，必然要拓展人类对物质规范的明确认知。这也是人类演化的总趋势。

本篇提出两个新的概念：生物体和生态体，并说明了生物体法则，生态体法则，生态体内的系统，生态体运行机制，以及生态体的运行规律。用以来揭示这个困惑人类千百年来的疑问，向那些未知或未完全认知的人类知识领域，不断地前行。

# 第六章　生物体

　　在美国逗留期间，麦特·麦克布莱恩（Matt McBrian）博士到我家做客。麦特个子高大，来自俄亥俄州。他是美国著名大学生物化学专业毕业的博士生，又多年从事科研工作，专业素养非常高。而此时的我，正在研究人与社会和自然界的相互关系问题。于是，我们之间开始了一段有趣对话。

　　寒暄之后，我开始向他请教："麦特，你能告诉我什么是生物吗？"

　　"生物是指能够繁殖，可以生长和发育，会维持体内平衡，并且，还能对刺激有某种程度反应的生命物质。多细胞的生物有各种动物、植物和真菌；单细胞的生物有各种微生物，如原生生物，细菌和古细菌。"麦克布莱恩博士坐在沙发上，娓娓道来，颇为自信。

　　"如果按照你的定义，人类社会中的公司和国家，也应该是生物了？"我有备而来，在不经意间，突然发问。

　　听到此问题，麦特开始一愣，反复想了想说："按生物定义的要求，似乎公司和国家都能符合，即使在繁殖或复制（Reproduction）特征上，也说得过去。但是，生物学通常有它自身特定的视角。在它的视角内，生物就是指动物、植物、真菌和微生物。这受限于生物学的特定研究对象。"麦特又补充说道，"由于地球上的生物种类繁多，生物的定义仍然在不断变化，对于被认为是生物的新定义一直在呈现出来。"

"我同意你的看法，有关生物的概念变化很大。"我说道，"我查了许多字典，关于生物（Organism，Living being）的概念，有的字典只是沿用传统生物学的定义；有的字典，已经把国家和公司也放在生物的概念里。"停顿了一下，我认真地谈出自己的想法："每个学科都有自己的研究对象和领域，都需要特定的概念来保持彼此间的交流与认知。既然我们现在把对生命活动的研究，拓展到人与社会以及人与自然的新领域，因而就需要有新的概念，用以来支撑全新的理论体系。你说对吗？"

"是的，你需要新概念来说明你的新思想。因为生物学已经把生物的概念限制在特定范围内了。"麦克布莱恩博士对我的想法表示理解与支持，同时又追问道："你有什么新名词来承载新概念吗？"

我微笑着回答："有一个英文名词，Bio-Entity，翻译成中文就是生物实体，简称'生物体'，你看如何？"麦特想了一会儿，说："哦，Bio-Entity，它可以包括现有的生物概念，同时还可以将生物定义的外延进行拓展，又包括了那些由众多生物集合而成的生命体。非常好！"

随后，麦克布莱恩博士又特地叮嘱我："新名词很好。但是，你要好好地定义你的这个新名词概念呀！""是的，我将一定做到！谢谢你的帮助！"我欣然接受了他的关心与建议。

# 一、生物体

在人们的印象中，生物体就是植物、动物、真菌和微生物四大类生物种群中的个体生物，包括作为个体的人。这个印象对吗？实际上这并不尽然，因为没有涉及生物体的全部。

我们认识生物体，需要借助生物体（Bio-Entity）的定义：凡具有生长、发育、繁殖等能力，对刺激有反应能力，能通过新陈代谢作用与周围环境进行物质交换的生命物体，包括动物、植物、真菌、微生物、细胞，以及生命物质的集合体等等，都是生物体。

树是生物体，树叶细胞还是生物体。人作为个体是生物体。人体中的细胞（包括血液中的红细胞和白细胞）、器官、精子和卵子也是生物体。人体组织细胞每时每刻都在分裂繁殖和凋亡。

作为人的群体组织，例如公司，也是生物体。公司要生存，对外实行竞争和扩张。国家也是生物体，这里主要是指国家作为一个整体，对外竞争，扩张，宣布或维护主权，进行战争等等。

生物体之间可以采用群体结合方式，变成一个新的生物体。人类社会中的国家与公司，就是由特定的人群，通过一定方式结合而成的。它们对内按生态体法则运行，对外亦按生物体法则行为。

生物体也可以采用有机体生成的办法，组合而成为一个更大，更加复杂的生物体。例如树的种细胞不断分裂，通过有机体生成方式，变成一棵枝叶繁茂的参天大树。人的细胞分裂后构成了个体的人。

在此特别需要指出：随着现代信息技术的高速发展，人类社会正在从传统的群体结合，逐渐地演变成为一个有机的整体。在大数据全集散状况下，个人隐私范围正在日益缩小；在信息超对称状况下，社会结构则日益扁平化。新兴科技使人际交往成本趋于"无限小"，而交往的效用则趋于"无限大"。这些都将会导致人类社会重新组合，进而脱胎而成一个新的"生物体"。

生物体与其他生命物质和非生命物质进行交换和转换，或者相互借助和依托，实现自身的新陈代谢和繁殖生衍。

生物体依据自然生物体法则来行为，这是生态理论体系中一个基本概念。

## 二、生物体法则

生物体法则（Bio-Entity Rule）不仅说明了人与生物的自然生存方式，也为研究人的社会行为方式提供了基本依据。生物体具有以下五种基本行为法则：

### 1. 需要法则

生物体一般具备三个层次的需要。第一层次是最基本的生存需要；第二层次是相互关系的需要；第三层次是成长发展的需要。三个层次的需要可由下而上，逐层次得到满足，但遇到挫折后又可由上而下地放弃。

（1）生存需要：生物体需要通过新陈代谢来维持生命，通过繁衍生育来延续生命。占有尽可能多的生态资源是生物体生命本能的要求。

（2）关联需要：指生物体之间的相互关系、联系、对比影响的需要。包括：安全需要、归属需要、尊重需要、娱乐享受以及其他改善性和提高性需要等等。生物体在生存需要得到基本满足后，就会更多地追求此类需要。

（3）发展需要：指需要得到提高和发展的内在欲望，充分发挥个人潜能、开发出新的能力，有所作为和成就，获得承认，并且自我实现。

"需要"是生物体的原动力，也是推动生态体运行的主要动力之一。

## 2. 活性法则

生物体具有生长力、自主性、能力性和应激性等生命基本特征，要求一定的自由弹性发挥空间。生物一般都具有不同程度的"意识"，并进而有可能会演化出各种"智能"。

活性法则表明，对人和其他生物体的使用与物理性机械的操作不一样，不可能单凭指令就能达到预期效果。应该考虑到生物体的差异性、内在能力、经验、潜能、积极性以及欲望等因素，采取特殊的管理办法和激励措施。

## 3. 竞争法则

生物体通过竞争分出优劣，优者胜出、劣者被淘汰。优胜劣汰，适者生存是自然法则，也是人类最基本的经济与社会法则，还是游戏法则和体育比赛的法则。竞争法则表明，应该以此原理设计出适合生物体发展的机制，保持效率和活力。

图 6-1　竞争法则适用于人类活动各个方面

### 4. 适应法则

生物体能适应一定的环境，也能影响环境。生物体有可塑性，应该适应它所承担的角色。

鱼、鸟、昆虫，在生命的不同时期扮演不同角色，完成交配、繁殖和养育任务。生物的适应性决定生物可以被驯服和改造。

人类也一样，通过教育、培训和工作历练后，能够适应新环境和新的角色，完成好本职工作。人作为生物体，其思想和行为也可以被指导、纠正、培养、训练和改造。

### 5. 遗传与变异法则

生物的亲代能产生与自己相似的后代的现象叫做遗传。遗传物质的基础是脱氧核糖核酸（DNA）。亲代将自己的遗传物质 DNA 传递给子代，而且遗传的性状和物种保持相对的稳定性。亲代与子代之间、子代的个体之间，存在着差异，这样的现象叫变异。遗传使物种得以延续，变异则使物种不断演化。遗传变异也可定义为同一基因库中，生物体之间呈现差别的定量描述。在 DNA 水平上的差异称"分子变异"。遗传与变异是生物界普遍发生的现象，也是物种形成和生物进化的基础。

生物体在生存过程中，形成的各种本能、精神、思想与行为方式，均会延续和传承下去，绵延数代，形成一种自有的特质与特征，或者群体性的特质与特征。人类社会中的风俗习惯的形成，人类思想与文化的传承，均与生物体的遗传和变异法则相关。

人们受环境影响，在竞争中生存，经过自然性的选择和淘汰，产生了优秀思想、优良文化和特有的行为方式，再经时代变迁，不断创新与变革，将这些思想文化继承并持续发展下去。这种思想文化的传递过程，也是遗传与变异的过程。管理者应注重优秀思想品质的形成，注重人员素质的培养与保持，形成特有的整体合力，进而能够产生强大的综合竞争力。

# 第七章　生态体

生物体法则，在很大程度上也说明了人的最基本的行为法则。因为人是生物体的一支。但是，人的行为还要被另外的法则和规律所控制。

人类在很久以前就已经意识到：自然界还存在着一种神秘的力量，能够支配着人的行为。人们把这种力量奉为"神"（Gold）和"圣灵"（the Holy Spirit）。老子在《道德经》中把它称为"道"和"天之道"，[1] 而相对应的就是"人之道"——人的行为法则。黑格尔则有更为明确的表述，他认为：实体分裂为"人的规律"和"神的规律"。[2]

那么，自然界和人类社会中这种神秘的力量究竟是什么呢？为了破解这个千古自然奥秘，我们在这里重新定义了"生态资源"，并且，还引入一个新的概念——生态体（Eco-entity），以此来展开说明另外一种

---

　1　陈鼓应：《老子注释及评价》第77章。中华书局1989年版。"天之道，其犹张弓欤，高者抑之，下者举之，有余者损之，不足者补之。天之道，损有余而补不足。人之道，则不然，损不足以奉有余。孰能有余以奉天下，唯有道者。"

　2　［德］黑格尔著，《黑格尔论精神与绝对知识》，石磊编译，第116页，中国商业出版社，2016年5月。

支配性的法则与规律。

## 一、生态资源

什么是生态资源？我们周边的一切，只要与生命活动相关的，都是生态资源。不管它们是有形的物质，还是无形的物质；是有生命的物质，还是无生命的物质；是思想、能力与人脉关系，还是金钱、权力与财富，等等。地球上的一切资源都是生态资源，地球之外的太阳与月亮，也是生态资源。

我们知道，物质是规范的。生态资源也应该是规范的，尽管它们复杂多变，气象万千。生态资源的规范性，在于生命活动的规范性。掌握了生命活动，也就掌握了能够破解神秘力量的秘籍。

## 二、生态体

生态体概念从何而来？不妨先看看我们的生存环境以及生物体的特征。从单体细胞到多细胞的植物与动物，从人体构造到人类社会组成，所有生命物质的活动，包括地球生态圈，都具有如下几个共同特点：（1）有个空间的边界限定；（2）边界是半开放的，外界资源可以进入，里面资源亦可以输出；（3）边界内部由有机物和无机物共同组成；（4）边界内的物质在不停地循环运行，因而又具有时间上的延续性。我们把这几点总结起来，形成一个新概念——"生态体"（Eco-Entity）。

那么，什么是生态体？生态体（Eco-Entity）是指在一定空间范围内，所有生命物质和非生命物质，通过能量流动和物质循环过程，形成彼此关联、相互作用的统一整体。"生态体"自身就是一个运动循环体，它由不同的功能组织部分和流程化的系统功能组织部分构成。这些功能组织部分在运行中要保持自身平衡，也要保持彼此之间的平衡。当生态体内部组织成分发生变化，其运行中的平衡关系也往往会发生变化。

地球是人类迄今为止发现的最大生态体。地球由地壳、地核、地幔和大气层几部分构成。生态资源集中在地壳和大气层之间。地球生态体有食物链循环系统、水循环系统、气态循环系统和沉积循环系统等。

人类社会是第二层次的生态体。人类社会由众多国家和地区联盟以及国际间的合作体组成。

国家是第三层次的生态体。国家由人口和土地及其他各种生态资源组成，内部有多重系统和行业，循环往复地运行。

公司、社团与社区是第四层次的生态体，内部有各种运行系统。公司和社团为其工作的人员，社区为其居民，创造了特定的生存环境。

人体是第五层次的生态体。对于人体组织中的细胞、器官、精子、卵子、寄生细菌和寄生虫而言，人体是满足它们赖以生存的生态环境。

## 三、母生态体和子生态体

子生态体受制于母生态体，受母生态体的运行规律支配。这就像地球受太阳引力的支配，太阳又受制于银河系，在银河系里按规则运行。其道理是一样的。

对人类生存而言，主要有五个层次的生态体：地球生态体是第一层次的生态体，是各种生态体的母生态体。人类社会是第二层次的生态体。它既是地球生态体的子生态体，又是国家与地区联盟的母生态体。国家是第三层次的生态体。它既是人类社会的子生态体，又是社区、社团与公司的母生态体。公司、社区、社团是第四层次的生态体。它既是国家生态体的子生态体，又是人体的母生态体。人体是第五层次的生态体，是社会存在最基本的生态体。

生态体的运行，一方面受母生态体的控制与影响，另一方面也受自身内部系统和组分的影响。这给我们一个重要的启发：观察一个生态体的运行，不管它是国家生态体，还是公司生态体，既要看它处于母生态体中的位置，看看它们是如何受到母生态体运行的影响？同时还要深入到该生态体内部，看看该生态体自身是怎样运行的？

## 四、生态资源与生态体

生态资源的空间范围更为广泛。任何生态体的存在，都有明确的空间范围，以及在时间上的延续性。生态资源比较生态体而言，具有更为广泛的空间存在范围。生态体一般均需要外在输入性的生态资源，来维持自身的运行。人体生态体如此，公司生态体如此，国家生态体如此，地球生态体也如此。地球生态体中，除了自身拥有的空气和水等生命必需物质外，还要依靠太阳光能和热能的输入，来维持地球生命物质生存和转化的需要。所以生态资源的存在，就其空间范围而言，超出了生态体的存在。

生态资源构成生态体，又受制于生态体。以生命物质为主体的生态资源，在生态体中以一定的方式组合起来，表现为角色化特征，形成了功能性机制，不断地被整合、配置、利用，最终又回馈到生态体中，如此循环往复地运行。

人体由细胞组成，各种物质营养输入体内或排出体外，维持人的生存。但人体细胞和其他生态资源又受制于人体，依人体内的规则而新陈代谢，保持一定的平衡。

国家由人民组成，各种物资流转其间，文化艺术在其中创作和传播。但国家中的公民和居民，以及国家生态体中的各种经济活动、文化活动和社会活动，又受制于国家，要按国家的政策和法律来行为。

自然界由生物和其他物质组成，但这些物质又受制于自然界，按自然规律运行。世间生物纷繁众多，万物斑驳陆离，但却能和谐共存，秩序井然，令人叹为观止。

## 五、生物体与生态体

生物体与生态体都是由生命物质构成，具有生命活力。它们都需要：拥有生态资源，整合生态资源，利用维持生态资源，转换回馈生态资源。换句话说，它们都需要使生态资源不停地循环运行，从而来保障生命物质的存在与延续。

一般而言，在一定生态条件下，生物体才会出现。当生物体出现后，外在的生态体才会正式形成。并且，生态体会随着生物体的繁衍和发展，而在不断地演变。也就是说，有了生物体，才会形成生态体；有了生态体，生物体才能存活。二者相互依存，互为条件。

所有的生物体和子生态体，都存活于地球生态体之中。地球是总的母生态体，是所有生命物质的共同家园，也是到迄今为止，人类可以认知的唯一家园。

生物体处于生态体之中。但是生物体内部，对组成该生物体的次级生物体而言，也是一个生态体。因为所有的生物体，都是由多层次的生命物质迭代而成的，包括单体细胞生物体也是一样。细胞内部也存在一个生态体。例如人是生物体，但是对人体细胞而言，人又是生态体。人对内是生态体，对外则是生物体。生物体必须依靠内在生态循环才具有生命，同时必须适应外在的生态环境才能持续地生存。

生态体按生态体法则和规律运行。生物体按生物体法则行为。生物体对内就是一个生态体，要按生态体法则和规律运行；对外则是一个生物体，要按生物体法则来行为。

生态体以运行通畅和运行平衡为原则；生物体以生存和赢胜为目的。

国家对内是生态体，适应生态体法则和规律。政府需要保障公民的安全与福祉，维护社会的公正与公平，避免分化与冲突，追求社会的和谐与稳定。而国家对外又是生物体，需要适应生物体的行为法则，以追求自身利益，满足自身需要为首要目的。所以说，外交上没有永久的朋友，只有永久的利益。当然，人类社会和地球生态体又是国家的母生态体，即便追求利益，国家生物体的行为也要符合人类发展规律，维护地球的生态环境。

公司对内是生态体。各部门和员工之间讲究相互依存，相互制约，保证权益，调动干劲，注重节奏与平衡，还要实现成长。而公司对外则是生物体，需要审时度势，了解自身的优势和劣势，知道竞争对手的长处和短处，然后出奇制胜，取得竞争中的优势地位。

对人体而言，对内平衡就是健康。健康是指人在身体和心理方面的良好状态。由于受到内外各种因素的影响，造成人的疾病与心理失衡，从而产生不健康的状况。人体平衡过程不是一成不变的，需要经常去调整和纠正。人体对外就是生物体，追求各种物质和精神方面的需要，在各种竞争与竞赛过程中显示自己，实现自己。

所以，生态体以"平衡"为目的，生物体以"赢胜"为目标。

## 六、生态体与生态系统

"生态体"（Eco-Entity）与生态学中的"生态系统"（Eco-System），属于不同研究领域中的不同范畴。因而"生态体内系统"（Eco- inner-system），与"生态系统"（Ecosystem）也有较大的差异性。

生态体与生态系统是两个不同研究领域中相似的概念。二者应用的领域不同，内涵和外延也不尽相同。

生态体和生态资源学说主要应用在哲学和社会科学领域中，以人类社会为主要研究对象。"生态体"在空间中的界限比较明确，且为半开放状态。

而"生态系统"是生态学领域的一个主要结构和功能单位，是指由生物群落与无机环境构成的统一整体。"生态系统"一般都是开放系统。生态系统类型众多，可分为自然生态系统和人工生态系统。其中，自然生态系统还可进一步分为水域生态系统（例如海洋生态系统）和陆地生态系统（例如森林和草原生态系统）；人工生态系统则可以分为农田、城市等生态系统。生态系统的范围可大可小，相互交错，最大的生态系统是生物圈。

生态体和生态资源学说，与生态学（Ecology）、生理学（Physiology）和生物学（Biology）有交叉接合之处。生态体的概念既是生态学、生理学和生物学的一般性研究成果在哲学和社会科学领域中的延伸和应用，也是哲学和社会科学自身的创新和发展。

# 第八章　生态体的法则

生态体不是生态资源的简单集合。它是一个以生命物质为主的组合，是一个结构相对稳定，能够自行循环运行的整体。虽然每个生态体都不一样，但它们还是有共同的法则。

生态体法则（Ecoentity Rule）可以分成三种。第一种为生态体的构成性的法则（构成法则）。第二种为生态体的运行性的法则（角色法则和循环法则）。第三种为生态体的变化性的法则（变化法则）。

先谈谈第一种法则——生态体的构成性法则。它主要说明生态体的构成与关联关系。

## 一、构成法则

生态体的构成法则：每个生态体都具有特定的空间位置和资源组分，其内部是由相互依存，且又相互制约的不同功能部分整体地构造而成，并按一定的秩序来运行。

以上构成法则的表述说明：生态体具有限定性、依存性、制约性和秩序性。可以从这几方面的特性来理解生态体的构成法则。

（1）限定性：每个生态体的空间位置不同，资源组分不同、构造的区别、运行方式的区别，与周边关联上的差异，以及在母生态体中的作用等等，均使生态体具有限定性质。限定性又可称为特定性，主要是用来说明每个生态体都有其特殊的性质和存在意义。

限定性告诉我们，不能简单模仿其他生态体的外表和模式。因为每个生态体都"具有特定的空间位置和资源组分"。应该深究内在原因，从机理上导出有益于自身，而且可用来借鉴的经验。个人的行为方式、公司的成功经验以及国家的运行方式，均有自身的内在原因和历史条件，即使要改变，也须按自有构成去调整或重建，并且往往要沿袭自身特有的历史轨迹。在此基础上，才有可能开拓全新局面，不可照搬或照抄。

（2）依存性：生态体中的生物或角色，必须依赖其他生物或非生命物质（其他角色）而生存。生物界和人类社会中的共生现象只是依存性的一个特殊表现形式。

在自然界的食物链中，植物→草食动物→肉食动物→腐生微生物→植物是一个例子。人体中各组织和器官的相互关联，互相依存。公司内部的雇主、管理层、基层员工；国家中的政府各个职能部门、各级领导、人民团体、经济组织和普通百姓，均承担内部分工中的功能角色。它们对公司或国家的存在，均发挥着特定作用。生态体中角色的存在具有客观合理性，角色间有很强的关联性和依赖性，往往是牵一发而动全身。

（3）制约性：充当特定角色的生物体，要对与其对应角色或关联角色的生物体，发挥其制约或制衡的作用，才能完成在自然界和人类分工中的特定功能。制约性又可称为内部制衡性，主要说明生态体内部各个组分间的相互制约与制衡的关联关系。例如人体内部，每个器官和组织都有其特定功能，为整体运行发挥应有的作用。

肉食动物要对草食动物捕食，微生物又通过疾病传播来限制动物的种群数量。在人类社会组织中，上级要管理下级、政府监管企业、警察监管司机等等，均是制约关系。消费者与生产者、医生与病人、律师与委托人等等也是一种制约和相互制约关系。

相互关联，同时又相互制衡，是自然界和人类社会的生成方式和普遍运行规则。如果不加以约束，任其一方自由发展，完全凌驾于其他部分，便会破坏平衡，最终毁掉生态体的存在基础。

（4）秩序性：生态体在发展过程中一定要产生秩序，并依靠制约机制和制衡的方式维护秩序，否则该生态体将无法运行，而新的有秩序的生态体将会产生。

秩序对生态体的运行至关重要。一个国家的秩序被完全破坏，新的国家就要产生，新的秩序也随之建立。人体也一样，功能组织被疾病或外力破坏了，无法治愈和康复，人的生命也就要终止了。公司也一样，内部秩序混乱，公司将难以运营。如果秩序无法恢复，则公司难逃倒闭命运。生态体的秩序主要是靠在整体利益一致的格局下，通过必要整合和治理，而形成的能为多数人接受的，较为稳定的运行方式。

有人把共生看成自然界的普遍现象，这是一种误解。在生态体中，只有符合生态体整体构成和运行的生命物质才可以生存。不符合整体关联需要的，违背生态法则与规律的生物，将会被淘汰。维护秩序本身也就是维护生态体构成相对稳定的过程。

以上是关于生态体的构成法则的说明。现在，再谈谈第二种法则——生态体的运行性法则。主要说明生态体的驱动方式和运行方式，其中包括"角色法则"和"循环法则"。

## 二、角色法则

生态体的角色法则：在生态体中承担特定功能的组织部分，称之为"角色"。角色之间相互依存、相互制约、相互合作、协调统一。充当角色的生物体应该适合该角色，其基本功利活动应该与担当的角色相一致。生物体（Bio-Entity）在充当角色过程中，既以合作方式，又以竞争和优胜劣汰方式，高效发挥角色功能。

生态体的运行动力主要来自生物体的生长、生存和繁育的需要。在自然界中，生态体通过草地、树林、动物等生物形态来实行物质交换和循环，各种生物形态和其特定的功能结构，形成了"角色"间的关系。例如，树林是自然界的一种角色，草地则是另一种角色。树林这个角色，由众多的树木组成。每一棵树就是单独的生物体。草地也一样，是由一棵棵草组成的。

但在"角色"之中，处于同一空间的植物之间，为争夺阳光、水分和土壤肥料展开激烈的竞争。树和树之间要展开竞争，草和草之间也要展开竞争。食草动物为争夺草场、水源也要竞争。肉食动物为获得猎物也要厮杀争斗。同样的情况还表现在公母动物交配上，公兽之间的竞争或母兽之间的竞争等等。

角色可以是社会组织内部分工中的工作职务或工作岗位，也可以是社会分工中的一种或一类工作，也可以是一个大类的集合概念。

角色是自然分工、社会分工、组织内分工、家庭分工的产物。一个角色可以由不同的人来轮换承担。角色之间的关系往往表现为上下垂直的领导指挥关系，例如军队中的司令员、军长、师长、旅长、团长、营长、连长、排长、班长等各级领导和战士，以及参谋长、干事、司务长等职能职务；又例如公司中的董事长、总经理、总监、经理、主管、员工等。但是，角色之间的关系也经常表现为横向关系，例如丈夫和妻子、供应者和需求者、生产者和消费者等等。在一定意义上讲，角色也是维护组织运行，发挥特定功效作用的职位或岗位。

在社会生态体中，许多社会角色的功能，也是通过生物体之间的竞争来完成的。例如一个产品的供应，则需要众多厂家生产，并在市场上竞相销售，让消费者自由选购，从而达到降低成本，提高质量，高效实现供应者的社会角色功能。

一个生物体可以同时承担多个角色，并在不同角色中转换。例如一个人，在家里是父亲角色或丈夫角色，出门开车是司机角色，到单位后是经理角色，出门旅行是旅客角色，到医院又是病人角色。每个人扮演不同角色，就要遵守该角色规则和职业伦理道德，以及相关的法律和制度规范，同时会享有权利，承担责任。而一个角色又需要众多生物体去竞争，选择最适合的，淘汰不适合的，例如对经理职务的竞聘、考核、奖励、处罚、除名等。

生物体与角色之间的关系是：

（1）生物体应适合角色，而角色因生物体而发挥作用。角色中的人与率性而为的自然人不一样，自然人不在其位可以不谋其政，但角色中的人在其位就得谋其政。角色中的人被赋予责任和使命。

（2）角色中的生物体以相互竞争或竞赛为主要关系方式，也包括互助合作的关系。生物体的功利活动，通过竞争的激发和优胜劣汰的选择，或者通过互相合作的集体力量，就可以高效达到角色的功能作用，与生态体的目标相一致。

（3）角色之间的生物体以依存或制约为主要关系方式，行使各自的功能角色，保证系统流程通畅，平衡各系统间的运行关系，从而构建出完整的生态体及其运行机制。

老师和学生是两个不同的角色，相互依存又相互制约。老师对学生是教书育人，学生对老师是尊师受教。学生只是一个角色，充当学生的是具有生物体特征的自然人；老师也是一个角色，由那些具有不同执教能力的人来承担老师的工作。在学生角色之中，例如一个教室内30个学生之间，是按生物体法则来竞争的，"胜"出的学生获得"优"或"良"的成绩，败出的学生获得"中"或"差"的成绩。好学生进入重点中学，又进入名牌大学。差一些的学生进入一般的大学，再差的学生则无法考进大学。老师角色中的生物体人也是同样面临竞争的压力，好的老师被评为一级、特级或正教授等等，最差的老师被淘汰出局，退出教师队伍。老师和学生之间的关系，学生和学生的关系，老师和老师的关系是角色法则应用实例之一。如果再加上学校的管理，以及招生与毕业环节，就可以形成一个学校教育的系统流程了。

人体生态体内系统的流程，也是由各种角色构成。例如：

---

消化系统：口腔→牙齿→舌头→食道→胃→十二指肠→小肠→大肠→肛门

心血管系统：心脏→主动脉→支动脉→毛细血管→支静脉→主静脉→心脏

---

人体内的这些器官组织（角色），均是由细胞组合而成，具有生物活性。细胞因角色不同，发挥的功能作用不同，自身的的形状与特点也不一样。机体组织中的细胞不断地新陈代谢，分裂凋亡，却可以保持器官组织的性状，发挥在整体中的功效作用。因此，细胞作为生物体，在人体中执行角色功能，协调角色之间关系，其基本原理应该是共同的。

角色法则是一个大法则，它把相互依存和相互制约的社会组织结构，与充满生机活力的竞争机制统一起来；把生物体法则（Bio-Entity Rule）与生态体法则统一起来。

## 三、循环法则

　　生态体的循环法则：生态体的运行是以多重循环、多样循环和多周期的循环方式来实现的。而且每次循环均有所不同。其总轨迹可以是螺旋上升，也可以是螺旋下降。

　　循环可以体现在角色中生物体生命的新陈代谢，也可以呈现为系统流程式的周而复始，还可以表现为食物链式的替代性循环方式等等。以食物链为例：植物→食草动物→食肉动物→微生物→肥料→植物。这也是一种生命物质的大循环。

　　以人体为例，人从诞生到死亡是一个循环。代代相传，每一代均有所不同。其轨迹是逐渐上升，也可以是逐渐下降。人每一天早起晚睡，一天三餐，不停地循环，每天均不一样，从幼儿到年轻，从成年到衰老，其轨迹亦是逐渐上升，又是逐渐下降。人体内部有多个运行系统。以心血管循环系统为例，它由心脏、动脉、静脉和毛细血管组成，周而复始地运行，不停地循环，一直到死亡。

　　以循环方式实现运行是一个普遍法则。无论人类社会，还是自然界，均采用循环方式运行，层层相套，环环相接，波浪推进，重生更迭，从而生生不息，延绵不绝。

　　循环方式不是简单地重复往返，而是递进式的往返，表现为螺旋式推进运动的方式。有人用思辨方法把它描述为：肯定→否定→否定之否定，这样一种逻辑关系，用来说明循环运动朝一个方向离去，后来似乎又运动回归到起点方向的过程。这看上去，像是一种回归与重复，但实际上时过境迁，物是人非。所以说，生态体在循环运行中总是要发生变化的。

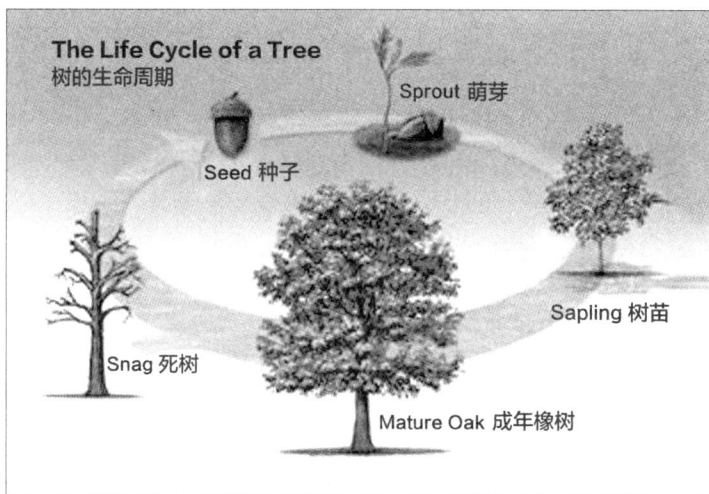

The Life Cycle of a Tree
树的生命周期
Sprout 萌芽
Seed 种子
Sapling 树苗
Snag 死树
Mature Oak 成年橡树

图 8-1　树的生命循环与变化

最后，谈谈第三种法则——生态体的变化性的法则。它主要说明生态体的变化原因、变化方式和变化结果。

## 四、变化法则

生态体的变化法则：由于生态体内部状况发生变化，其中一些组分进化了或者退化了，使得生态体内部组分之间发生不同方式的冲突。当整体关系无法维持和延续，原生态体中的各组分就会进行再组合，进而演化和改进原有的生态体，或者重新组合成一个新生态体。

生态体内部变化的情况很多。包括角色缺失、角色重叠、角色弱化、角色衰败、角色变质等情况。这里要区别角色中的冲突与角色间的冲突。

角色中的冲突主要是指承担同一角色的生物体之间的冲突，例如：供应同一产品的厂商之间发生的各种冲突；作为学生，这一角色中的具体个人，他们彼此之间的冲突，等等。

角色间的冲突主要指担任不同社会角色或自然角色的生物体，它们之间的冲突。例如：警察与司机之间的冲突，老师与学生之间的冲突，投资人与管理团队之间的冲突，官员与老百姓之间的冲突，以及人与动物、狼与羊之间的冲突等等。

在多数情况下，角色间的冲突表面是由其承担角色功能的生物体造成的，是生物体的过错或不称职，并不能构成真正意义上的角色之间的冲突。例如，在老师与学生的教与学过程中，个别老师素质差，体罚或辱骂学生，甚至动手打人，造成师生间的对立事件。这些并不构成老师和学生的整体冲突，只是因为角色中的个别生物体不称职造成的个体性冲突，而不是严格意义的整体角色之间的冲突。

角色中生物体的冲突，属于运行中的矛盾，需要通过协调、引导和处置的方法来解决。但是，角色之间的冲突就不一样了。中国历史上，官员与地方豪强勾结起来集聚财富，欺压百姓，造成了朝廷官员这个维护社会公平和正义的角色变质了。例如在官场上不送礼、送钱，不在一起声色犬马或灯红酒绿，就变成异类。一旦此种情况蔓延开来，上下勾结，拉帮结派，朝廷与民众之间的角色激烈冲突就会开始。

角色间的冲突与生态体中的制约与制衡关系也密切关联。例如一个国家同时形成两个权力中心，而且彼此角色作用相同，这样，在两个权力中心之间，也会发生激烈冲突。当角色重叠、角色变质、角色衰败、角色缺失的情况迟迟得不到改变，冲突越加剧烈，该社会生态体离崩溃或重组的时日就不远了。

角色间引发的冲突，属于体制性的矛盾，需要通过变革、改造和再组合的方式来解决。

变化法则说明，生态体的内在构成关系不是一成不变的，无论是内生性原因，还是外在力量的影响，均有可能导致再组合活动或重新组合的活动，使得生态体的构成关系发生变化。

生态体法则是一套完整组合，既是静态组合，也是动态组合。把以上四个法则串联起来，可以从动态角度看看它们的作用过程。

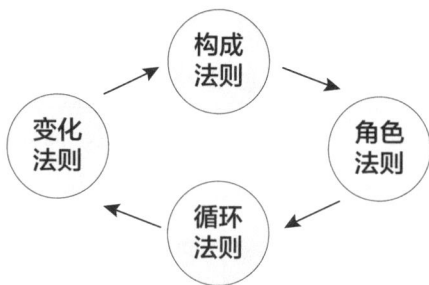

图8-2　生态体法则之间的动态关联关系

这只是一种动态关联关系的示意图（参见图 8 - 2）。实际运行时，这四个法则彼此关联，交互作用，形成一个整体。

# 第九章　生态体内系统

在生态体结构中，功能性角色往往通过一个系统化的流程来发挥作用。而且流程中还有不同的作业环节，每个环节均需要不同的、具体的"小角色"来发挥作用，并保证系统流程的通畅与效率。在自然、国家、公司和人体等各个层次的生态体中，都可以发现这种"系统化的大角色"，我们把它称为"生态体内系统"（Eco-Inner-System）。

## 一、地球生态体内系统

地球生态体具有多种循环系统，其中包括食物链系统、水循环系统、气态循环系统和沉积循环系统。

地球生态体中，各种绿色植物等，与依靠摄取其他生物为生的异养生物，通过捕食、寄生等关系构成的相互联系，被称作食物链系统，这是生态体中能量传递的重要方式。

水循环系统是指大自然的水，通过蒸发、水汽（云、雾）输送、降水（雨、雪、冰雹等）、地表径流、水下（上）渗、植物蒸腾、地下径流等过程，在水圈、大气圈、岩石圈、生物圈中运行。水循环系统是地球生态体的主要系统和物质循环的必要条件之一。

气态循环系统是各种元素，包括碳、氧、氮、氢等，以气态的形式在大气中循环，例如植物通过光合作用将大气中的二氧化碳转化为有机物并释放出氧气；植物与动物在获得含碳有机物时，也把一部分二氧化碳通过呼吸排出；以及生物体死亡之后的体内有机物，被腐生菌分解，释放二氧化碳。它们均回到大气中，形成气态循环。气态循环系统把大气、陆地生物圈和海洋紧密连接起来。

沉积循环系统发生在岩石圈，各种有机物质和无机物质，包括硫、磷、碘、硅、碱等，以沉积物的方式，通过沉积物本身的分解作用，转化成生态体中的其他物质形式，或通过风化作用，进行循环。

地球生态体内系统，既要保持该系统内循环的平衡，例如各生物群落内种类和数量保持相对稳定，能量与物质的输入和输出基本相等；而且各循环系统之间也要保持一种动态平衡，例如气候变化对水循环系统、气态循环系统和食物链系统综合影响。

## 二、国家的生态体内系统

健全的国家一般都拥有多套系统来维持自身的运转。例如财政税收系统、司法执法系统、行政人事系统、金融系统、交通运输系统、能源供应系统、信息通信系统、工业生产系统、农业生产系统、商业供应系统、卫生保健系统、教育系统、文体娱乐系统、外交系统、国防军事系统等。

其中每个系统中又可分出若干子系统。例如，金融系统中可分出银行系统、保险系统、证券交易系统等子系统；交通运输系统中又可分出公路运输系统、铁路运输系统、水上运输系统、航空运输系统等子系统；能源供应系统中可分出电力供应系统、天然气供应系统、燃油供应系统、煤炭供应系统等子系统。

## 三、公司的生态体内系统

公司因其所在行业和具体业务不同，内部管理系统的差别也很大。一般而言，公司有销售系统、供应链系统、财务系统、人力资源系统、生产制造系统、研发系统等。

每个系统内均与一系列管理过程相关联。例如，销售管理过程包括销售计划、销售策略、销售组织、销售指标、销售活动、客户关系、销售业绩管理等；供应链管理主要包括供货、运输、仓储、采购、库存等；财务管理包括预算、成本、分析、资金、簿记、税务等；人力资源管理主要包括员工的招聘、培训、使用、考核、激励、调整、辞退等；生产制造主要包括物料、加工、制造、外包、车间管理、品质管理等。

每个系统自身运行要平衡，系统之间也要达到运行平衡。物料的进出要平衡；人力资源的供需要平衡；生产、供应和销售之间也要平衡；资金更要平衡。所以，系统建立、系统运转、系统循环，以及系统之间综合的平衡，是生态体能得以正常运行的基本保证。

## 四、人体的生态体内系统

人体生态体内具有十一大系统：运动系统（骨骼系统和肌肉系统等）、消化系统、呼吸系统、泌尿系统、生殖系统、神经系统、内分泌系统、心血管系统、淋巴系统、经络系统和免疫系统。

运动系统由骨、骨连结和骨骼肌组成。消化系统包括消化道和消化腺两大部分。呼吸系统由呼吸道和肺组成。泌尿系统由肾、输尿管、膀胱和尿道组成。生殖系统的功能是繁殖后代，男性生殖系统和女性生殖系统包括内生殖器和外生殖器两部分。神经系统有脑、脊髓以及附于脑脊髓的周围神经组织；神经系统是人体结构和功能最复杂的系统，由神经细胞组成，在体内起主导思考与行动控制的作用。内分泌系统是神经系统以外的一个重要的调节系统，包括弥散内分泌系统和固有内分泌系统，其功能是传递信息，参与调节机体新陈代谢、生长发育和生殖活动，维持机体内环境的稳定。心血管系统分布于人体各部位，是一套封闭的管道系统，心血管系统包括心脏、动脉、毛细血管和静脉，具有物质运输功能。淋巴循环是对血液循环系统的补充。经络系统是由经脉、络脉及其连属部分连贯形成的网络结构，连接人体脏腑和肌体组织，具有输送营养、运送排泄物的功能。免疫系统为机体提供有效的保护机制，防御传染性疾病，避免体内各系统的功能失常。

人体内的这些系统，既要保持系统自身的运行通畅和运行平衡，同时也要保持系统之间的运行平衡。系统内病变会导致系统运行障碍。例如，消化系统内的常见疾病有：肝胆疾病、腹泻、胃肠痉挛性腹泻、消化道溃疡、慢性肠胃炎、胃酸过多等。呼吸系统常见的疾病有：上呼吸道疾病（咽炎、鼻炎、感冒）、肺部疾病（肺炎、肺心病、肺结核）、支气管痉挛、呼吸衰竭（呼吸性碱中毒、呼吸性酸中毒）等等。另外，人体内有许多跨系统病因，或引发跨系统的综合性病症，致使人体整体健康状态失衡，从而导致系统内的疾病发生。

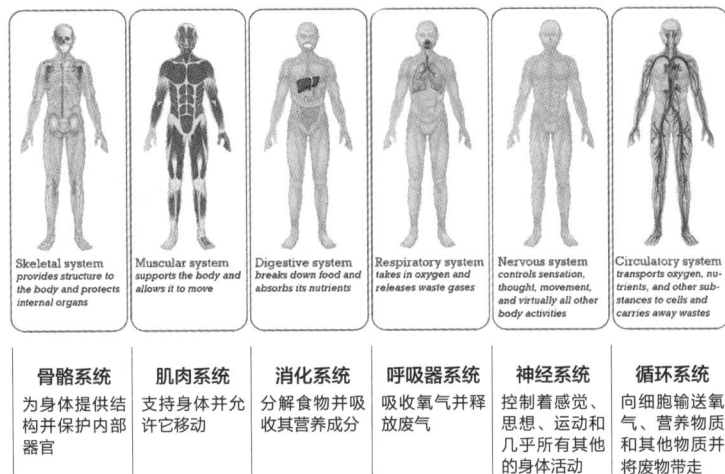

| 骨骼系统 | 肌肉系统 | 消化系统 | 呼吸器系统 | 神经系统 | 循环系统 |
|---|---|---|---|---|---|
| Skeletal system provides structure to the body and protects internal organs | Muscular system supports the body and allows it to move | Digestive system breaks down food and absorbs its nutrients | Respiratory system takes in oxygen and releases waste gases | Nervous system controls sensation, thought, movement, and virtually all other body activities | Circulatory system transports oxygen, nutrients, and other substances to cells and carries away wastes |
| 为身体提供结构并保护内部器官 | 支持身体并允许它移动 | 分解食物并吸收其营养成分 | 吸收氧气并释放废气 | 控制着感觉、思想、运动和几乎所有其他的身体活动 | 向细胞输送氧气、营养物质和其他物质并将废物带走 |

图 9-1　人体的生态体内系统

研究生态体内系统，可以把生态体法则展现出来的组分、角色与结构关系，演变成为更为具体的流程和循环的运动状态，将空间与时间有机结合起来，使得理论与复杂的现实社会更为接近。

# 第十章　生态体运行机制

生态体千差万别，上到地球，下到人体，其内部的资源与构成差别很大，所以生态体的运行机制各异，应该具体情况具体分析。

但是要注意：生态体都是以生命物质为主而构成的循环运行体。因此，生态体在综合运行机制上，也的确有共同之处。

把生态资源对生态体的影响，以及生态资源在生态体内的循环流转过程，简化出几个最基本的要素，考察它们之间相互关系和各种流程走向，就可以找到一般性的生态体运行机制。并且还可以对它们进行归类分析。这种分类与分析，能够适用于各种生态体。以下我们谈谈生态体运行机制的基本原理。

任何一个生态体均有空间范围和时间延续。生态体不可能是完全封闭的，需要与外界发生资源流动。即使是地球生态体，也需要太阳光能和热能的输入才能维持自身的运行。但基于外界资源条件的稳定性和生态体内在机制特征，还是可以区分出稳定型生态体和非稳定型生态体。

## 一、稳定型生态体运行机制

地球生态体是一个稳定型生态体，太阳光能的输入作为一个恒定因素，与生命所需要的空气和水构成了生物赖以生存的基本资源。各种生命物质在这个生态体中憩息生养，繁衍增殖，循环往复，形成自身的运行秩序。

原始人类氏族部落也具有稳定型生态体的特征。原始人类部落散居在广大空间范围内，各自都有较大的自然生存环境，加上各种生存条件较现代人类远为艰苦，与外界联系很少，部族人口生聚和发展非常缓慢。

中国封建社会自秦朝开始到清末辛亥革命结束，两千多年，发展缓慢，各个王朝兴起至衰落，周而往复，也是一个稳定型的生态体。中国封建社会自成体系，对外界依赖很少，也不具有对外扩张的机能和内在冲动。

稳定型生态体的资源运行机制可用图 10-1 表示：

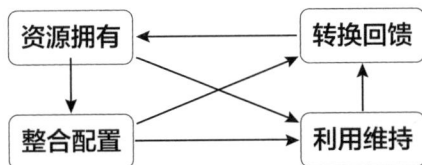

图 10-1　稳定型生态体资源运行机制

图 10-1 是一个运行机制四方关联图，其中：

（1）资源拥有：系指生态体自身内在各种资源，已占有的和能够驾驭的外在资源，以及由外部输入的各种资源。

（2）整合配置：资源的利用一般是需要一个整合与配置过程，特别是在人类生存的生态体中。在原始狩猎社会中，需要工具去获得猎物，石器和木器被开发出来。现代社会中的初级产品生产、中间产品生产和最终产品生产，均是资源整合与配置的过程。当然有些资源也可以直接被利用，例如树上长的野果子可被直接食用果腹。但资源的有限性和限定性，总是需要经过一个特定的整合和配置过程，才能将资源充分有效地利用。在自然生物界循环中，也可以发现这个整合配置过程的存在。

（3）利用维持：各种资源可以被利用或用于维持生命的生存和发展过程。例如猎取的野兽肉可食用，皮可以缝衣遮身避寒，驯服的兽类可以持续用来维持人类的食源。农业发展种植的粮食可以用于人类自身需要和用作饲料；棉花可以被纺成纤维，用来织布，再做成衣服等等。在自然界生态环境中，草场可以被草食动物用来食用和栖息繁衍。草食动物的发展又为肉食动物提供食物。生态资源在这个利用过程中，维持生命的运动。

（4）转换回馈：能量转换是生命物质的一个特质，生物不断地摄入各种营养物质，经新陈代谢后，一部分排泄，一部分用以维持生命或转换为能量。生态体也是这种生命运动的集合。植物和动物，它们的兴起、衰败、逝去。其遗体、遗物或经微生物分化转换，成为新生命物质的生存条件，或经地质变迁转换成为地下的有机矿藏，诸如煤炭、石油、天然气等等。生命用不同方式回馈给自然，回馈给生态体，让生态体生机盎然，周而复始且又平衡地运行。

从常规上看，稳定型生态体的运行机制按如下程序运行：

资源拥有 → 整合配置 → 利用维持 → 转换回馈 → 资源拥有

但是，其往往又跳跃，形成如下运行程序：

资源拥有 → 利用维持 → 转换回馈 → 资源拥有

资源拥有 → 整合配置 → 转换回馈 → 资源拥有

生态资源不同，生态体结构与内容不一样，运行时的特殊情况，均会表现为不同的运行方式和运行程序。

## 二、非稳定型生态体运行机制

由于内在生态资源贫乏，外在输入性资源来源不稳定或有匮乏之虞，或者内在机制具有扩张和增殖性冲动，生态体就呈现出非稳定型状态。

历史上的游牧民族，栖水草而生，不停变更牧场，当生存资源开始匮乏，便产生掠夺和自卫性战争。基于这种沿袭相传的天性，游牧民族具有强烈的扩张领地的内在冲动，以掠夺为荣，频频发起战争，表现出一个非稳定型的社会生态体状况。

当人类进入工业产业革命时代，由资本组成的各种公司组织，依靠不断地获取原料，不停顿地去占领市场，扩大销售额，来争取利润最大化。因而，资本具有不断积累和积聚，不断开发新市场的内在冲动。所以资本主义社会也呈现出一个非稳定型的社会形态。资本的输出和输

入，国际市场的形成，各国之间的国际化分工带来的区域功能化，以及
区域经济体的形成等等活动，又造成经济全球一体化趋势。

人体生态体和公司生态体是比较典型的非稳定型生态体，现代国家
也是非稳定型生态体。非稳定型生态资源运行机制如图 10-2 所示：

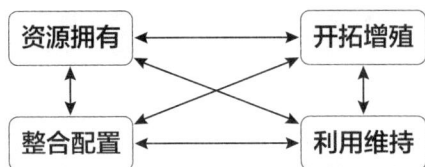

图 10-2  非稳定型生态体资源运行机制

从图中可以看出非稳定型生态体资源运行机制中除了加入一个开拓
增殖的机能部分，各部分机制之间的关系也具有反向作用的互动关系。

以人体生态体这种主要依靠输入资源来维持机体运行的生态体为
例：食物和饮料通过消化系统整合吸收之后，进入血液循环，供全身器
官、组织、细胞去利用，满足需要；其中一部分以"糖原"和"体脂"
方式储备起来，用以继续维持人体的代谢需要。营养经过转化，用以维
持生长和生存，或者成为生物能量，用来拓展新的资源；另一部分转化
为生殖功能，用来繁衍下一代，养育下一代。

非稳定型生态体对内保持生态体的资源运行的平衡机制，对外则具
有生物体扩张和占有的本能，具有较强的竞争力和成长力。非稳定型生
态体的更迭或更替的周期远较稳定型生态体的短，速度发展比较快。

当今世界，各国经济不断地成长，国际间的贸易与服务快速发展。伴随着全球经济一体化的趋势，一个世界范围内新的经济生态体正在形成之中。

经济全球一体化进程，不仅让生态资源在世界范围内整合、配置、利用和维持，而且还要让世界经济经历着一场激烈的资源开拓，经济增长和人口流动过程。这就是非稳定型生态体的开拓增殖机能的作用结果。当资源开拓与资源增殖活动渐趋平缓，区域性分工更清晰，人口问题得到缓解，世界范围内角色功能作用更为明确时，世界经济生态体便会最终形成。

这之后，世界经济将从一个非稳定型生态体过渡到稳定型生态体，开始人类新的文明时期。届时，世界经济成长将趋于缓慢，以种族或民族为特征的国家将逐渐融合，实现某种程度上的世界大同。

# 第十一章　生态体运行规律

我们通常把在运动过程中应遵守的客观原则称为规律。规律也是物质在运动中，会经常与反复出现的状况，或者是必然要出现的现象与状况。

生态体规律与生态体法则不一样。生态体法则通常是指：生态体在空间与时间上展示出来的构成、形状、组分和方式等等特征。而生态体规律，则是描述生态体在运行过程中，必然会出现的现象与状况。生态体规律也是把握生命现象，破解自然神奇的钥匙之一。

生态体与生物体都必须同样地遵循两个运行原则——运行通畅与协调平衡，即"运通"与"协衡"。这也是生命的真谛。

生态体运行机制说明：生态体是一个由生态资源在其中进行循环往复地运行的整体构造。生态体运行的原则之一就是"通畅"。我们把它称之为"运通规律"。生态体由众多的系统构成，而每一个系统，其运行也需要通畅。在常见的状况下，生态体需要通过系统内和系统间相互协调，才能保障运行通畅，我们把它称为"协通规律"。在特殊状况下，生态体需要通过变化，才能保障运行通畅，我们把它称为"变通规律"。

生态体运行的另外一个原则就是"协衡"。生态体内的组分、角色和系统，在运行中要彼此协调，形成特定的动平衡关系。生态体的平衡是生态体内各系统的结构和功能处于相对稳定和通畅，而各系统又相互适应的状态。 生态体的平衡远较力学平衡、化学平衡和社会关系平衡更为复杂。生态体运行的平衡规律、协衡规律和变衡规律，不仅揭示了在短时期内，对处于特定状态中生态体的平衡过程，还揭示了在较长时期内，生态体组分已经发生变化后的重新平衡过程。

以下，我们将分别从生态体的短期运行、正常运行和特殊运行，三种不同的状况条件，来分别说明生态体的"运通规律"和"协衡规律"。

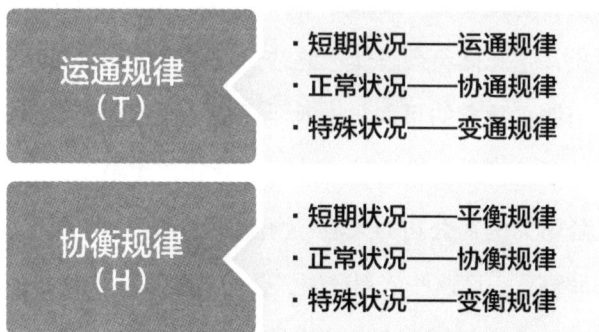

**运通规律（T）**
· 短期状况——运通规律
· 正常状况——协通规律
· 特殊状况——变通规律

**协衡规律（H）**
· 短期状况——平衡规律
· 正常状况——协衡规律
· 特殊状况——变衡规律

图 11-1　生态体的运行规律

## 一、生态体在短期状况下的运行规律

在短时期内，生态体运行规律可以呈现出理想的状态。表现为运行的完全通畅或者完全的平衡。这种状况虽然短暂，但为我们观察生态体规律，提供了绝好的机会。

### T1. 生态体的运通规律

生态体运通规律（Eco-Entity Movement Law）可以表述为：生态体需要以一定方式、速度和节奏，在一定程度上，维护资源在体内运行的通畅。

生态体是一个运动循环体。它由不同的系统功能组织部分构成，形成流程化的运行方式。无论是生态资源的输入与输出，还是各种系统的运行，生态体都需要保持一定方式和某种程度上的运行通畅。尽管运行通畅往往会是不稳定或短期状况。换句话说，生态体的运行不能终止。一旦运行终止，生态体将会解体、终结，或者重组。

以人体为例：饮食的摄入与排泄要通畅，血液循环要通畅，经络活动也要通畅。不通畅便会疾病缠身。如果受到严重阻塞，人的生命甚至会终结。以公司为例：公司的人流、物流、资金流、信息流、商务流等，均需要运行通畅，一旦这些流程受阻，公司就会面临困境，甚至会倒闭。以社会为例：社会中任何一个系统或行业运行不通畅，无论是工业、农业、商业、金融还是司法系统，均会引发动荡或危机。自然界更是这样，气流不通畅便会有狂风暴雨，江河不通畅便会洪水泛滥。

运通是一个普遍性的规律。就一个人而言，无论生活在任何环境中，每天都在为"运通"而奋斗。不仅事情要办得通，思想要想得通，路要走得通，学习要顺利，工作要顺利，而且，生活还要顺利。每个人每天，都需要去闯过一道道"关"，去完成一件件事，会在不经意当中，实实在在地践行着生态体的运通规律。

## H1. 生态体的平衡规律

生态体平衡规律（Eco-Entity Balance Law）可以表述为：生态体中的各组分资源，相互依存，相互制约，在限定条件中发挥特殊功能，保持一定比例、节奏、速率和效率，形成有序运动，具有整体性动平衡机制。

生态体运行的平衡规律有如下特征：

### （1）整体性动平衡

平衡规律从生态体整体上，相互关联上，在运动中，在有机协调机制中，实现平衡的过程和平衡的状态。所以，它与矛盾对立双方关系中暂时的或相对的统一不同，它不是在长、短之间，左、右之间，快、慢之间，激进或保守之间，利益均衡中找到暂时的或相对的平衡关系，而是在更大范围内看待这些关系，从整体、全局、运动和机制性协调中把握平衡。

例如，就人体而言，科学界最新提出：平衡就是健康。反言之，当失去平衡，人就失去健康，变得不健康。健康是指人在身体、心理、社会适应能力方面的良好状态。由于受到外界各种因素的影响，造成人的心理失衡、身体疾病、社会适应能力下降，从而产生不健康的状况。这个平衡过程不是一成不变的，需要经常去调整和纠正。

就公司生态体而言，平衡并不仅仅体现在收支平衡上，而是去要求整合和利用好公司的整体资源，处理好投资人、管理层、全体员工、公司客户、供应商、竞争对手、政府、以及社会等各方面的关系，从中找到该公司特定的平衡点，围绕着一个动平衡点来运营，而不管公司决策人是否发现或意识到这个动平衡关系点。

国家生态体也同样围绕着一个动平衡点来运行，须兼顾各种各样的内部和外部的"生态资源"，包括其成员、组织系统、盟友和利益相关者，以及其他国家等等，同时也要不断地整合和开拓内外生态资源。

（2）平衡点沿矢量方向运动

在时间和空间中，生态资源运行平衡不再是一个静止的点，而是一个由点组成的矢量，随着时间和空间的推移而变化。如果矢量箭头向上，就形成了生态资源运动以螺旋向上方式，围绕着平衡矢量方向运行。如果矢量箭头向前，则出现生态资源运动以波浪方式，围绕平衡矢量向前运行的特征。平衡点在空间和时间上的移动，从理论上可以看作矢量，这是因为任何一条曲线，在无限细分情况下均可看成一条直线。当然，在中期与长期时间里，平衡点的移动轨迹便要发生变化，我们将在协衡规律和变衡规律的内容中再行讨论。

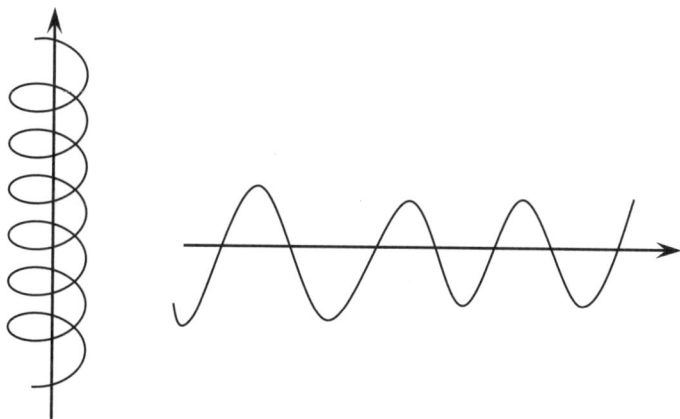

图 11-2　平衡点沿矢量方向移动，矢量代表生态体及其平衡点在时空中的短期移动状态

图 11-2 中，矢量箭头线是平衡点运行轨迹，绕轴或沿轴向运行的不规则曲线，是生态体日常状态中（在时空中）运行的轨迹。

（3）沿矢量方向运动的周期性

在日常状态中，生态体的运行常常偏离平衡状态，或上下浮动，或左右摇摆，或绕轴前行。但是，从平衡到不平衡，从不平衡回归到平衡是有周期的。换句话讲，从不平衡回归到平衡，需要一个过程和相应的时间。拿人体这一生态体而言，由于过于劳累，身体处于透支失衡状态，如果经休息和调整，几小时或几天后便可恢复过来，重新回归健康平衡状态。但如果是营养不良，就得补充营养，调整到平衡状态则需要几天或几个星期。如果是生一场大病，则调养周期更长，可能要几个月或更长时间。作为国家生态体也一样。中国在 20 世纪 90 年代初期形成了严重的通货膨胀和房地产泡沫，经济发展失衡。经过几年调整，包括解决

"三角债"问题，职工下岗再就业问题，银行坏账等问题后，经济发展才重新回到正轨。在国家生态体中，由平衡到失衡，再由失衡到平衡一般均需几年的时间。而在世界市场或全球经济生态体中，贸易失衡、国际收支失衡也是一种常态，但平衡规律一定会发生作用，从平衡到失衡，然后由失衡再回归平衡至少要几年、十几年，甚至几十年。所以，因生态体的大小规模不同，运行特点和运行速度不同，由失衡到平衡，再由平衡到新的失衡的周期也不尽相同。

作为生态体的平衡"向心力"一定会大于失衡"离心力"，否则生态体就无法维持和存在，必然崩溃或重新建立。

（4）整体平衡中的协同性

生态体各组成部分彼此间有一种有机的关联性，在平衡规律发生作用时的运动过程中，各自具有一定的数量和质量特征，彼此间保持一定的比例、节奏和速率关系，而且自身还要形成特有的效率值，以便在整体平衡上取得一致。人体生态体、企业生态体、国家生态体、自然生态体都有这种特质。这是平衡规律作用方式和作用的效果。如同打篮球一样，一个队伍五名球员，需要彼此协同才能发挥整体威力。球员个人不能只注重发挥个人效率而忽略了整体效率，失去了整体作战的协同性和平衡性。在组织系统中，如果一个人的表现过于强势，超出了他的地位或角色要求，便会有相反的作用力发生，让他归位或被撤换。反之，如果该组织部分机能过于弱化，效率过低，无法达到整体协同效能的要求，就会有替换的，或有补充的人员加入，这就是平衡规律的作用使然。所以，生态体平衡规律的表现方式与一般力学和化学中的平衡关系既有一致之处，但又不尽相同。生态体主要由生命物质组成，其平衡和协同关系远为复杂，不能用简单数学和会计记账方式来确定。

（5）生态体平衡规律的量化表现方式

生态体处于平衡状态时，应该具有一系列量化指标、指数或其他数量表现方式所标定出来的区间范围，来鉴定或监控生态体运行的平衡与失衡，说明达到平衡的期望数值。不仅要有表明生态体各组分和各子系统应该具有的平衡期望数值和区间范围，还要有表明生态体各组分和各子系统之间的综合性平衡的期望数值和区间范围。量化的数值、指标和规范，有利于建立数学计算模型，也有利于在实践中准确地把握和控制住生态体的平衡状态。

（6）生态体平衡规律作用方式具有差异性

不同的生态体其生态资源运行的平衡规律作用方式也不尽相同，主要是其生态体中资源的组分和构成方式不一样。

（7）生态体平衡规律在时空上的限定性

生态体平衡规律一般在生态体短期运行过程中发挥作用。

## 二、生态体在正常状况下的运行规律

正常状况是指大量的常见现象。在常态下，运通规律和平衡规律会以不断调整的方式来实现，呈现出曲折而迂回的状态。

## T2. 生态体的协通规律

生态体协通规律（Eco-Entity Co-Movement Law）可以表述为：生态体由众多的系统构成，需要通过系统内和系统间的相互协调，并随着变化进行经常性的调整，才能保障运行通畅。

协通规律非常普遍。运行通畅不是一条直线，需要不断地努力、改进和调整，才有可能维护住生态体运行的通畅。系统中前后各个环节之间，以及与其他各系统之间的协调与平衡，是一个反复适应的过程，需要各种特殊机制来完成。人体是这样，公司也是这样，社会还是这样。在市场交换过程中，各行业间的运行与发展，需要保持一定的比例关系和速率关系。自然界的协调运行关系非常明显。物种间的制约与制衡，种群的数量及连锁反应等，都会使自然系统运行发生调整性的变化。

协调通畅也是协调平衡的结果。而协调平衡又需要协调通畅来实现。所以，协通规律与协衡规律密不可分。

## H2. 生态体的协衡规律

生态体协衡规律（Eco-Entity Co-Balance Law）可以表述为：基于内生性原因或由外力作用结果，使得生态体中的部分组分资源发生一定变化影响整体平衡时，其他组分资源的功能和运动速率等被迫调整，从而形成新的变向动平衡轨迹，但生态体的整体性平衡约束机制仍然有效。

如果把平衡规律中的平衡点看成是一个时空中的直线矢量移动点，那么当平衡点变向移动时，就形成了曲线轨迹。当这一曲线移动是在较大范围的约束条件下，按一定方式自由地或有规则地变动，我们称它为

"生态体协衡规律"，在图11-3中表现为：

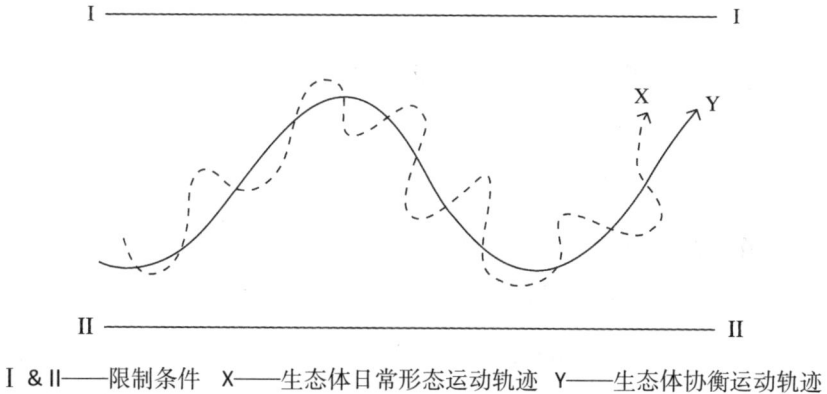

Ⅰ&Ⅱ——限制条件　X——生态体日常形态运动轨迹　Y——生态体协衡运动轨迹

图 11-3　平衡点按曲线轨迹移动

造成平衡点变向位移的原因很多，但至少有下述几点：

（1）具有特定角色作用的生态体部分组织，形成了趋向性的强化发展或弱化发展；

（2）生态体部分组织产生了异化或变异现象；

（3）对生态体中资源运行更具适应性的新成分出现了或发展壮大了，淘汰原组分或逐渐取代原组分；

（4）生态体中，部分或者大部分组织退化或老化；

（5）基于某种外力干预或干扰。

由于以上一种或几种原因，生态体平衡点发生了变向性位移或变化性位移运动。拿人体生态体做例子，在几个月或几天内人体内部的平衡点相距不大，基本处于一个直线矢量位移中，当婴儿成长为儿童，儿童成长为少年，少年成长为青年，过了 30 岁以后，人体部分器官功能开始衰退，例如听力、视力、生殖力衰退等，开始进入老化过程。在这个过程中，平衡点基本上是沿着一个由下逐渐上升到顶部，然后又从顶部下滑到底部的曲线在移动。

再例如，如果把美国 NBA 联赛中的休斯顿火箭队看成一个对内生态体、对外生物体来观察。中国籍的中锋球员姚明，作为球队的攻防核心，因跑动速度不快，但又具有篮下统治性的威力，球队的攻防平衡点就以姚明为中心，五名球员联合作战，围绕姚明核心这一平衡点进行，节奏较慢。一旦姚明因伤病停赛，或虽然姚明恢复后上场比赛，但作用已不如从前，而此时其他主力队员成熟起来，或有新的明星加入，休斯顿火箭队的攻防核心开始"位移"到其他人，于是球队的攻防节奏加快了，平衡点变向位移，离开姚明这个"平衡点"，转到了其他"平衡点"。

从以上例子可以看出，当平衡点呈现出趋向性变向变化，但又没有超出较大的限制条件的范围时，平衡规律变成为协衡规律。

特别要指出，当失衡现象加剧，而且持续时间较以往更长，失衡反差更大，有可能是平衡点位移到协衡曲线的拐点上了。

生态体协衡规律与生态体平衡规律相比较，它代表生态体在中期或长期内的运行规律。

## 三、生态体在特殊状况中的运行规律

特殊状况是指发生了重大变化的情况。在特殊状态下，运通规律和平衡规律会做大幅调整，改变了原有的运行方式，出现跳跃性或突破性的运行状态。在这个过程中，生态体本身也会发生重大改变。

### T3. 生态体运行的变通规律

生态体变通规律（Eco-Entity Re-Movement Law）可以表述为：在外界突发性的强力作用阻碍下，或者由于内生性的突变，造成生态体运行通畅机制持续性失效，迫使生态体各组分资源重新组合，并能在新的机制下达到新的运通方式，有了新的方向。

人体的重大疾病或外伤，都会迫使健康状况发生重大改变，形成与以往不同的生活方式。社会的重大经济危机、金融危机和社会危机，包括重大的外力打击或入侵，都会改变社会内部结构，形成了新条件下的新运行方式和运行方向。

自然界更是这样。重大的气候变迁、地质灾害、洪水灾害和火灾，以及人为灾害，都会改变生物圈的生存与运行方式。例如，会出现荒漠化，物种大范围的灭绝，以及大规模环境污染等等状况。自然界的运通方式，不得不因这些灾害，而会随之做出大幅的调整。

重大的地质变迁，往往会引发气流的变化，改变水循环的方式。例如，喜马拉雅山脉随地质变迁，而被高高地隆起，使得印度洋暖湿气流难以跨越，从而导致中国西部干旱，形成大面积的沙漠。

### H3. 生态体运行的变衡规律

生态体变衡规律（Eco-Entity Re-Balance Law）可以表述为：在外界突发性的强力作用下，或由于内生性的突变，造成生态体平衡约束机制突然失效或持续性失效，迫使生态体各组分资源重新组合，在新的机制下达到新的平衡，形成了新的动平衡运动方向。

由于重大的突发事件、重大外力作用、遗传突变或重大内生性机制突变，造成平衡点曲线位移突然中断，形成了跳跃性突变，超出了生态体协衡规律的限制范围之外。

例如，1911年清政府被推翻，封建时代的王朝更迭就此终止，结束了延续2000多年的封建社会。新兴资产阶级民主革命获得成功，民国政府建立，中国社会进入了一个全新的发展时期。相应地，中国也开始从农耕经济社会逐渐步入到工业产业社会，形成了一个跳跃性发展状况。中国社会在新的起点上，在新的条件下，开始了新的生态体平衡规律。这种平衡机制的完全改变亦称"变衡"。

另外，虽然平衡点曲线位移没有断裂和跳跃，但由于超出限制界限，形成了突破或突变的状况，从图11-4上看：

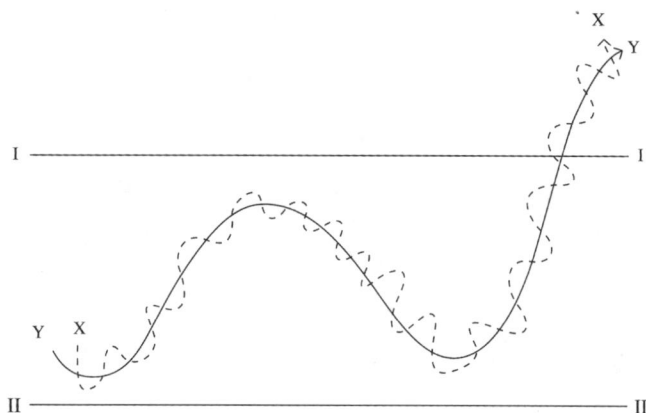

Ⅰ & Ⅱ——限制条件　X——生态体日常形态运动轨迹　Y——生态体协衡运动轨迹

图 11-4　平衡点曲线位移上行突破限制条件的变衡规律运动方式

Y 曲线和与之相伴的 X 曲线均突破Ⅰ限制线，形成了新的上行通道。

在变衡规律发生作用的长期过程中，限制条件不能再看成是固定不变的常量。随着环境条件本身的改变，约束机制和约束条件要发生变化，平衡点位移也相应地改变，在长期和远期时间内，形成了平衡点运行轨迹与环境和条件等约束机制相应变化的总趋势。

一般而言，生态体变衡规律与生态体协衡规律相比，它代表了生态体和生态资源在长时期和远时期内的运行规律。

以上三个规律虽然讲的都是平衡关系，但彼此间也有较大区别，主要反映在动态变化上与条件变化上。其中条件变化还要分内在组分的变化和外在约束条件的变化两个方面。就发生频率的状态而言，生态协衡规律最为常见，属于常态性平衡规律。但协衡关系的基础还是生态平衡规律。所以我们在文字上重点表述了生态体平衡规律。

在运用这些规律时，应该注意到：平衡规律的短期性质，其内在组分和限制条件均不发生任何变化；变衡规律的远期性质，其内在组分和限制条件均发生了重大变化。这两种状态往往是小概率事件。在现实世界中，生态体内的组分经常发生变化。重点在于，这些变化会在多大程度上影响整体的平衡关系。所以，我们要把生态体运动与条件变化等因素考虑进去，同时更多地去关注各方面关系的协调与平衡，运用好生态体的协衡规律。

# 第十二章　生态体的机理论

　　人们的思维习惯于从自身角度出发，通过对周边事物的观察得出结论，因此会有较大局限性。按此思维方式行为，不确定性也很高。所以，人们往往觉得：身不由己，事与愿违；认为"谋事在人，成事在天"。一些人为了得到"天"或者是"神"的保佑，还会经常祈祷。占卜或祷告，已经成为相当大的社会群体的思维定式与生活习俗。

　　生态体理论有助于我们超越自身局限，具有宏观视野，从整体范围内了解自身所处的位置，应发挥的作用，以及彼此间的关联关系。从而有助于我们认识这种能够支配自然界与人类社会的，被称为"天"的"神秘力量"。

　　在生态篇前六章中，我们温习了生态体的基础性理论知识。现在我们来探讨，如何将这些理论用于实践？

　　为了便于应用，在此介绍一种新的方法论——机理论（Organicistic Theory）。

"机"（Organicist）主要指：生态体的整体构成和范围——机体；内在组分、功能及二者之间的联系和作用关系——机能；整体与系统和角色的运行方式——机制。

机理论即所谓"机体"、"机能"与"机制"三层架构关系的理论。具体解释如下：

第一，机体——生态体的整体构成和范围。为了知道未来的"命运"，我们必须了解自己处于哪个生态体中？生态体的范围（边界）是什么？生态体的内在构造、成分或组分是什么？因为每个生态体都有自身的存在条件和环境，其内在的资源与构成组分也不尽相同，其历史变革和发展阶段也有区别。所以，要从特定生态体研究入手，再找到具有普遍意义或长期指导意义的规律。

例如，作为生态体的中国，其范围就是中国境内。然后，我们就需要知道中国的地理、位置、气候、资源、物产、人口、民族、风土、人情、人文、历史、经济、政治、社会以及发展现状和发展方向等。把握住整体情况后，就可以继续分析了。

机体是现实中完整的生态体。研究它时，可以运用生态体法则。机体是研究的出发点，也是认知后的回归对象。机体的运行，主要是通过其中存在着的各种系统和角色成分。

第二，机能——内在组分、功能及二者之间的联系和作用关系。我们把机能又分成系统机能和角色机能两种。系统也是一个"大角色"，系统承担着生态体内的特定角色分工，通过特定的流程或循环流程，来实现其机能，被称为"系统机能"。但是系统中又有若干"小角色"，在系统运行中各司其职，彼此合作。这些系统中的角色，或者是系统外独立的角色，依据其分工和角色要求而发挥的作用，则称为"角色机能"。

要想真正地了解中国生态体，就要进一步地了解中国的生态系统和生态角色的组成情况与功能作用。例如，在自然生态方面，就需要了解水循环系统、气态循环系统和沉积循环系统。也只有对中国的山河水系、气候特征和地质状况有了较为具体一些了解，才可以在自然方面，对中国生态体持有较为明晰的观念和更为准确的把握。此外，还要去了解中国社会的状况，包括人口组成、地域分布以及农业、工业、商业、教育、医疗、政府的行政与司法系统的组成与流程等。

以农业和工业的产业系统的简单流程为例：

---

农业系统：农业资料→种植→收购→储运→加工→制作→分销→消费

工业系统：开采→冶炼→材料→中间制造→产品销售→最终制造→消费品→销售→消费

---

农业系统承担着满足人们食物消费需要的功能，该系统由土地、灌溉设施建设、农资（种子、化肥、农药等）供应、农机供应、农业生产、农产品收购、仓储运输、食品加工（初加工、粗加工、精加工）、市场交易、商业供应、餐饮服务等环节组成，每个生产和供应环节均扮演着

特定的"角色"，发挥着特定的功能。

以上举例只是粗分，还可以分得更细。比如农业种植种类很多。粮食种植加工后可以分为饲料和人用食品，分别做进一步的加工。棉花种植后需要纺织、印染、设计、成衣或其他用品的制作等等。工业产品可以分得更多更细。

同样的角色关系也存在于人类社会中。无论农业、工业、交通、能源、司法、金融、卫生、教育、国防等等行业与系统，它们的运行过程、角色定位以及在运行原理上，均有共同性质。

在社会生态体中，充当社会角色的都是个体人（生物人）。但他们在行使社会角色功能时，又成为"角色人"。例如农民、收购商、仓储商、加工厂、超市、餐厅、消费者等，形成在整个产业流程（系统环节）上的，一个又一个的特定市场。

市场中的交易各方（公司或个人）就像人体细胞一样，按生物体法则来行为。他们追求自身的需要，具有生物活性，彼此之间相互竞争，自动适应环境，能够遗传或变异。在人类社会中，按照系统流程（产业链）形成一个又一个的角色环节（专业市场），实现上下游的链接，以及与其他系统（产业）的连接。各个特定市场是按一定需要和规则构成，从而保证在整体市场运行过程中，能够发挥它们各自的功能作用。

**市场A ➝ 市场B ➝ 市场C ➝ 市场D ➝ 市场E**

图 12-1　按产业链上下游关系形成的专业市场

系统是角色，系统中有角色，系统外还有其他角色。需要指出，即使是同样的"角色"，因处于不同生态体或社会形态中，其功能也有所不同。在金字塔式的礼治社会架构里，行政官员的权力角色，与法治社会中的官员权力角色相比则大相径庭，前者更像"主人"，而后者更像"仆人"。在扁平式的法治社会架构中，立法者和法官，又较礼治社会中的"同行"更具权威性。所以，无论是"系统功能"，还是"角色功能"，均与"机体"相关，受制于"机体"，为机体的整体运行发挥着特殊和特定的功能。

简而言之，我们要知道，生态体内有多少系统，总的运行方式是什么？自身又处于生态体内的哪个系统中？处于该系统中的哪个环节上？该系统功能是什么？该环节在系统中的功能效用又是什么？在该环节中，有什么样的角色，各自发挥何种功能作用？

从以上分析中可以看到：生态体法则包括了生物体法则，也在一定范围内决定了生物体法则。同时，生态体又得借助生物体行为法则而运行，并要求各功能角色间和各系统间，保持协调与平衡。

第三，机制——整体与系统和角色的运行方式。机制是把生态体内系统和各个角色联系起来，使它们能协调运行，以此而发挥作用的过程和运作方式。

例如，我们要开一家食品加工厂，就需要知道该工厂的角色定位，了解上下游产业链情况，以及加工厂所处的系统环节——这个特定市场的情况。要知道这个市场运行机制是什么？整个机制是稳定的，渐变的，间歇变化的，还是快速变化的，抑或是无法预测的突变性机制？要弄清运行机制形成的原因和变化的原因，等等。

生态体有若干系统，运行时，彼此间还需要进行协调。例如，开食品加工厂不仅仅是食品物料的购入和产出，还需要有厂房，有设备，还需要有能源动力和资金。这样，食品产业就与房地产行业、机械设备行业、能源行业、金融行业等各个系统发生关联。所以，生态体运行机制往往是多重的和复杂的，这就需要有更为有效的运行协调功能。

机制，源自于生态体、系统功能和角色功能，是它们的具体运行方式，但是，机制又反过来作用于角色、系统和生态体，影响它们，甚至改变它们。机制可以使"功能"得以优化，或者使"功能"弱化和退化。机制运行结果，可以让生态体稳定、健康、平衡，也可让生态体衰败、溃败、崩溃或消亡。所以，机制既是开端，也是过程，同时还是结果。

以"商品市场"为例，这是一个很有效的资源配置机制和经济调节机制。但是，市场机制又会造成经济衰退、经济危机或金融危机，并造成对社会和政治的连锁反应，形成负面冲击。又例如，国家的行政管理体制和相应的运行机制，可以有效调动资源，建设大项目，促进社会经济发展，但又会使经济活动失去活力和效率，最终在全球化竞争过程中落伍，被淘汰出局，就像苏联一样。

机理论的特点是：从整体到系统，从系统到局部，从局部到角色，从角色到个体，从普遍关联到直接行动，不是靠照搬经验或照抄原理，而是要尽可能全面地掌握所处环境的信息，对具体情况进行具体分析。

机理论适用于复杂系统，对人类行为和社会运行会有很大帮助。伴随人工智能时代的到来，机理论将会被广泛地运用。

本篇介绍了生物体的概念和法则，介绍了生态体的概念，说明了生态体法则、生态体内系统、生态体运行机制以及生态体运行规律，已经触及那些存在于自然和社会背后的神秘力量——生命物质运行的"规范"。

这些基础理论非常重要。我们可以据此而前行，开始更进一步的探讨与分析。

## 一·信仰篇·一

谈到信仰，我们就需要回答如下几个问题：人类的信仰是如何产生的？人们应该以什么方式来践行自己的信仰？人们需要信奉什么？

目前，人类社会作为整体，正在从一个一般生态体（群体性社会）向一个生物生态体（有机整体社会）过渡。

在一般生态体环境下，群体（含国家）之间的关系犹如丛林中的生物种群关系，优胜劣汰，适者生存。而在生物生态体之中，群体（含国家）之间则是互利共生的协作关系。

随着互联网、物联网、人工智能在世界范围内迅速普及，人类社会正在逐步地组合成一个有机整体，行将演变成为一个生物生态体（有机整体式的社会）。在全球一体化过程中，人类社会必然会顺应时代要求，提出一个全新的人类基本使命。

这个共同的和全新的"人类基本使命"，将成为全球一体化的旗帜和方向。谁举起这面旗帜，谁就引领时代的潮流。

# 第十三章　信仰的来源

一天，麦特·麦克布莱恩（Matt McBrian）博士来拜访我。我们坐在后院，那里池水清湛荡漾，花草绿树环绕。在远山近黛的景色中，彼此间又继续有关生物体和生态体的讨论。

"我们已经确定了生物体（Bio-Entity）的概念了。按照新的定义，人体内的细胞是生物体，人也是生物体，那么，人体的器官组织，是否也应该是生物体呢？"我先提问。

麦克布莱恩博士思考了一会儿，回答说："人体的器官组织具有生命特征，可以新陈代谢，对刺激也会有反应，但是，它们不能自我进行复制。所以，人的器官组织不是生物体，而是生态体的一个组成部分。"停顿了一下，他又说："同样的道理，按照你的定义，人和公司均是生物体，他们可以复制，组成一个又一个的行业。但是，行业自身却不能自我复制，自我生出新的行业。新的行业也必须由人和公司来组成。所以，行业不可能是生物体，它只是社会生态体的一个组成部分。"

"我同意你的观点。"我赞许地看着他。之后，又若有所思地问道，"人体内的系统不停地运行，各个器官组织按部就班地工作，是什么力量在操控它们呢？"我接着说，"我知道，我们自己的大脑无法控制这些活动。"

听到这个问题，麦特笑了，回答说："要解释人的生理器官的工作原理，其难度不亚于解释生命的产生。众多科技人员和医学工作者致力于这方面的研究，力图发现人体中的各种奥妙，但直至今日，仍然没有权威的结论。"接着，他又补充道，"也许，你的生态体理论可以解释它们，并揭示这些奥秘。"

"是的，人体生态与社会生态和自然生态有共同之处。"我表示认可，并继续讲到："从生物学角度观察，细胞被角色化成特定的功能组织，例如心脏、肺脏、肠道、皮肤等，是按该组织或器官的运行方式来行为的，要发挥该组织与器官的功能作用。人在社会中也是一样。从事一种职业，就得按职业人的方式来行为，要发挥好该职业作用。公司也是一样。例如，电冰箱供应厂商，作为生物体，他们在追寻自身的经济利益。但只有他们很好地执行了其社会角色职能，为消费者提供了满意的产品，供应厂商的利益才能得到保障。电冰箱公司在为自身生存而竞争的过程中，实现了他们应尽的社会角色功能。"

"你刚刚的类比很有启示意义。"麦特有些兴奋，接着讲，"人体有七十万亿个细胞，比地球上的人类总数还多一万倍。对这么大量的细胞群体，这么复杂的运行机制，人体不会只由一个器官发指令，指挥调度全部细胞的活动。合理的解释只能是：人体的各种系统、器官和组织，是按特定的生态法则和规律，自行地运行，彼此相互衔接，不断地协调，以取得平衡。看上去，却像是由'一只看不见的手'在操纵。"

"是的"，我继续说，"在生态体与生物体二者关系中，生态体起着决定性的作用。生物体必须适应生态体，否则无法存活。包括人类自身也是这样。人类与其他所有的生物体，均处于地球生态体之中，受地球生态体的支配与控制。在地球生态历史上，也发生了几次较大的物种灭绝事件。例如从三叠纪到白垩纪的恐龙时代，延续了1.6亿年之久，然后突然全部消失。尽管人们还在探讨其原因，但无可否认的是，生态体的平衡被破坏，对此类物种大灭绝有直接影响。"

麦特·麦克布莱恩博士沉寂片刻，若有所思地说："人体内的每一个细胞，都对人体的整体存在有直接的感应，尊敬并服从人体的生态法则和生态运行规律，忠实地执行自身的角色使命。例如白细胞和吞噬细胞，会自动地对外来病菌进行包围与吞噬，尽管它们的存活时间很短。人体细胞对它们在人体中的角色应该有明确的认知。它们像信奉上帝一样认同人体，并遵循人体的法则和规律，忠实地执行角色使命。"停顿了一下，麦特变得非常坚定，继续说道："人体内的细胞，一定会体验或意识到人体的整体存在，意识到人体生态法则和规律对他们生命的支配作用。"

"对！你说到关键点了。"我接过话题，开始表达自己的主张，"对生态体整体的认知和认同，对生态体法则和生态体运行规律的敬畏和遵循，应该是人类信仰的直接来源。"

我看着麦克布莱恩博士，停顿片刻之后接着说："人类自古以来，就对自然界的存在，有直接的感知和认同，他们供奉天地，敬畏那种不可抗拒的力量，并且遵循各种各样的自然法则和规律。当时，人们无法了解这种支配他们的力量，也惊诧于世界运行得如此井然有序。于是，就会去想象：有一个万能的主神，他统治着自然万物；它不仅无时无刻地存在着，还会去安排世间的一切。"

听到这里，麦特笑了。他说："我同意你的主张。我是科学工作者，根据我自身的体验，我的大脑和意识，无法控制我体内器官与细胞的运行，而我自己，也必须遵循身体的运行规律来行为，才能维护住自己的健康。在我不能解释人体内在运行原理的时候，我可以假定有个万能的神，或者是灵魂之类的假说，控制着如此精妙的人体结构和运行方式。一旦我有了合理解释，比如用生态体理论来说明这一切时，我的信仰就会改变。但是，我仍然会坚信：生物体的活动，受制于生态体的存在；个人必须服从于整体，个人也受制于他在整体中的角色位置和应发挥的功能作用。"

"你理解得很透彻。"我赞许道，"人，作为个体，既是生物人，也是生态人。人的信仰、价值观、伦理和道德，均是来自于对客观生态关系的认知和顺从。人对生态关系理解得越清楚，运用得越恰当，就会越加成功。反之就会受挫折。这就是为什么情商高的人，容易在人生道路上获得成功的主要原因。"

"从以上分析和讨论可以看出：生态体的概念，确实提供了新视角，产生了新思维。"麦克布莱恩博士边想边说。

见到他有了如此的感悟，我便认真地告诉他："生态体和生物体理论的建立，不仅仅是将已有的认知重新诠释，将困惑问题厘清，更为重要的是：能够因此产生全新的信仰和价值观念，用以规范未来社会的运行方式。"

麦特听到此，思维有些跳转，不禁诧异地问道："既然生态体概念如此重要，为什么直到如今才被提出？"

我看着远处的山，沉思良久。之后，为他的问题提供了如下解释：

"答案说来也简单：这是因为人体大脑与知识的局限性。

"首先，人的大脑侧重于人体外部的活动，不会掌管身体内部，例如五脏六腑等器官的运行。所以人的意识是不会直接内视自身内部生态体的运行，不大容易形成人体内部整体生态运行的直接观念。

"其次，人的大脑在生理上，其主要职责是满足人体在吃、喝、拉、撒、睡、冷、热、性等生理活动的需要，以及视觉、听觉、嗅觉、味觉等方面的需要。人习惯于从生物体角度去观察世界。在社会群体活动中，人具有交往、安全、归属、尊重等方面的需要，还会有通过竞争而获取成就、承认与自我实现的需要。因此人们的社会理想，往往停留在物质财富分配公平上，以及权利平等，机会平等，有更大发展空间等方面。人的观念意识，不习惯从更高层次，从宏观视角，去审视自然界，去认识社会的整体运行。

"最后，人的大脑，主要是通过实践方式去认知这个世界，不管是用感性方式还是用理性方式。人的实践活动是有限的，人的认识范围往往是局部的。人类知识需要积累，需要不断地更新。例如：人类自古以来就认为地球是宇宙的中心，日月星辰围绕着地球转。直到距今 500 多年前，由哥白尼首先提出，半个多世纪之后再由伽利略证实，才开始认定太阳是宇宙的中心。但是，这与我们现今掌握的知识仍然有很大差距。人类对质子、中子、电子、光子的认识，距今也只有几十年的时间。人类对基因与染色体的认知，距今时间更短。厚积而薄发，只有知识积累到一定程度后，新的思想才会出现。

"所以，生态体理论的出世，是人类知识积累到一定阶段而获得的必然结果。"

# 第十四章　信仰的践行

人类对自然界整体的"存在"和"规范"的感知，是信仰产生的不竭源泉。在信仰中，往往需要把无限的存在（神）与有限的存在（人），明确地区别开。

信仰是人对自然界整体的感知与认同，是对自然法则和规律的敬畏与遵循。在这个意义上，也可以把信仰看成是人们对那种超人间统治力量的崇拜和遵奉。

信仰的来源比较容易理解。因为在对自然界的感知和认同上，在对自然法则的遵循上，人类的观察相对地较为接近。但是，在践行信仰的方式上，人们之间的表现，却极为不同，甚至可以说，差异非常大。由于时代的不同，文化的不同，物质条件的不同，社会结构的不同以及人群间的区别，人们常常会采用不同的方法去践行自己的信仰。

## 一、信仰践行的方式

为了便于做相关分析，我们把人们信仰践行的方式进行归类，粗略地分为三种类型，即"追逐类型"、"遵循类型"和"使命类型"。以下分别予以说明。

### 1. 追逐类型的践行方式

追逐类型主要是指按生物体法则行为，去践行自己的信仰。生物体的本能是趋利避害。生物体的需求法则说明：生物体一般具备三个层次的需要：第一层次是最基本的生存需要，会基于本能地去占有资源和财富；第二层次是相互关系的需要，包括安全需要、归属需要、尊重需要等；第三层次是成长发展的需要，能够实现自我。

满足需要，是追逐型人群去践行自身信仰的主要方式。为了适应这类群体的信仰特征，一些社团组织，就会用天堂、地狱、三世因果、前世和后世、末世论等说教，来引导信众。例如，在天堂中能够获得幸福和永生，在地狱中受尽各种苦难与折磨。佛教则有："今世做官为何因，前世黄金装佛身，无食无穿为何因，前世不舍半分钱。"信众们向佛门布施。

"需要"是生物体的原动力，也是推动生态体运行的主要动力之一。人性的基本特点包括了"欲望"与"恐惧"。为了实现欲望，满足需要，人们会用跪拜、祈祷、供奉等方式，来践行自身的信仰。

所谓"追逐类型"，就是指：追逐自身的欲求，追逐有关说教与诱导，用"生物人"的行为方式（行"人之道"）去践行自身的信仰。

### 2. 遵循类型的践行方式

遵循类型的践行方式则是指：克服生物人的欲望，以遵循生态体运行规律的行为方式（行"天之道"），去践行自身的信仰。

克服欲望表现为严格遵守有关教导和规定。例如，佛教根据情况不同分为居士五戒、六种戒、八关斋戒（八戒）、沙弥十戒、比丘二百五十戒、比丘尼三百四十八戒（比丘、比丘尼的戒律称为具足戒），菩萨戒十重四十八轻等。五戒是指一不杀生，二不偷盗，三不邪淫，四不妄语，五不饮酒。此五戒，是佛门四众弟子的基本戒，不论出家在家皆应遵守的。此外，还有犹太教的摩西十诫，[1]等等。

儒家的"格物"、"致知"、"诚意"与"正心"的过程，[2]也是遵循类型的行为方式。人们一般把这个过程直接理解为：通过对客观事物的观察与思考，从而达到对事物的了解与把握；通过降低欲望，减少贪念，来让头脑清醒；是非曲直（正念）分明后，就可以在待人处事上真诚。遵循着这个内心修行过程，就可以践行信仰了。

遵循生态体运行规律，主要是指其行为要符合自然法则，能够协调社会关系，满足社会需求。"天之道"主要是指"损有余而补不足"。为了维护自然界和社会发展的平衡，就需要爱惜生命，捐赠财产，从事各种义务工作。

---

1　据《出埃及记》20：1 – 17，上帝在火中降临西乃山，亲口晓谕摩西和以色列民众，为他们立下了十条基本戒律和其他诸种法律。这十条基本戒律是：我是耶和华，你们的上帝；不可制造并崇拜偶像；不可妄称上帝的名；要守安息日；要孝敬父母；不可谋杀；不可奸淫；不可偷盗；不可做假证；不可贪恋别人的房屋、妻子、仆婢、牛驴和财物。

2　《礼记·大学》："古之欲明明德于天下者，先治其国；欲治其国者，先齐其家；欲齐其家者，先修其身；欲修其身者，先正其心；欲正其心者，先诚其意；欲诚其意者，先致其知，致知在格物。物格而后知至，知至而后意诚，意诚而后心正，心正而后身修，身修而后家齐，家齐而后国治，国治而后天下平。"

例如：在出生、婚姻和殡葬等生命礼仪（rite of passage）方面，为社会提供服务；在寄托、宽解与慰藉，抚平心灵创伤、渡过人生困难时期等心理辅导方面，提供服务；在慈善、救助、支持等方面，也要发挥积极的作用。此外，还要去办学，办医院，发展教育和医疗事业，为大众事业而尽力，等等。

### 3. 使命类型的践行方式

使命类型的信仰践行方式，是指：充当好社会角色和生态角色，严格依照使命，遵循生态体运行规律，以生态人的行为方式，去践行自身的信仰。

社会角色主要是指在社会分工基础上形成的角色，包括家庭分工。充当好社会角色，就必须严格依照角色使命行事。例如，作为从事生产的企业与职工，就要为社会提供合格的产品；作为供应商和服务人员，就要满足客户的需要，提供高质量的服务；作为政府官员就要秉公执法、廉洁奉公；作为教师，就要诲人不倦，做好教书育人的工作。另外，在家庭关系中，一旦结婚，生育了子女，就要承担起应有的角色责任，依照角色使命来行为。例如，作为丈夫或父亲，就需要承担起供养家庭成员，教育好子女的责任。

生态角色事实上包括了社会角色，除此而外，它还要明确人的各种生态定位，处理好人与自然环境、人与其他生物间的关系。所以，必须了解自身的生态角色，知道该角色使命是什么？例如，保护生态资源、改善生态环境、爱惜生命，等等。

儒家的"修身、齐家、治国、平天下"的主张，便是一种使命类型的信仰践行方式。

依据自身所承担的角色使命来践行信仰，便不会放弃家庭，抛却责任，离群索居，也不会用幻想或"精神鸦片"来麻醉自己。进而，人们却能够去不断地努力，克服困难，获取成功，实现理想，还会承担起各种各样的社会义务，包括捐献财物，扶助弱势群体等。在践行信仰的过程中，人们应该遵守生态体运行规律，既要"运行通畅"，也要"协调平衡"，保持行为方式的合理性。

践行信仰不仅是行为方式，它还是一种文化，是一种修养方式，可以陶冶性情，改变心境，获得精神上的升华。

## 二、生态社会的信仰践行

在即将来临的生态社会中，人类将会由分散的群体组合，演变成为一个依存度极高的有机整体。我们把群体组合型的社会，称为一般生态体；把有机整体型的社会，称为生物生态体。

农业社会和氏族部落社会是典型的群体组合社会。群体组合社会适用于一般性的生态体法则。各种国家、民族、社团、人群等，在其中栖息，抢占生存空间，争夺物质资料。群体组合式的社会犹如一个水塘，各种生物体在其中栖息与繁衍。在群体组合式的社会中，每个人类群体都可以独立生存。

"追逐类型"和"遵循类型"，是群体组合社会中，人们践行信仰的主要方式。

在有机整体式的社会中，人类社会中的每个群体和个体，都需要依靠社会其他各个方面的服务，才能以特定的文明方式生存下去。生态社会则是典型的有机整体式的社会。有机整体式的社会犹如一棵大树，各种生物体，无论是树根、树叶、树枝还是树干，均是大树的有机组成部分，具有明显的功能性质。有机整体型的社会，就如同一个生物体，我们将它称为生物生态体。

工业社会的早期状况与晚期状况差异很大。因而工业社会是一种过渡形态的社会。我们现在正处于后工业社会中，对正在发生的社会一体化进程，能够亲眼目睹，体会良多。

有机整体式的社会，拥有不同的功能系统，实行严格的角色分工，并且，还会由统一的智能网络系统相互连接。社会各团体组织和个人，均会在信息对称与快速反应的状态中，采取与整体生态相平衡的各种行动。有机整体内的信息传递没有壁垒，集散度高，分布均匀，形成全对称状态。所以有机整体内部协调性高，行动较为一致。互联网、物联网、人工智能和大数据为此提供了物质基础。

图 14-1　一般生态体与生物生态体形式上的区别

"使命类型"将成为有机整体式社会（生态社会）中，践行信仰的主要方式。

现在，人类社会又进入新的一轮进化过程，从国家开始向全球一体化过渡，最终进化成统一的人类命运共同体，即地球生物生态有机整体。

当地球生态体从一般群体式生态体演变为有机整体式的生物生态体时，人类主导的地球，就具有了统一意志。届时，它将会向广袤的宇宙空间不断地发展。

# 第十五章　以地球生态体为本

地球生态体是人类赖以栖身的唯一家园。大气层之外是广寒的宇宙，地壳之下是炙热的岩浆。大气圈中的对流层和平流层只有 50 公里厚。地壳也只有 33 公里深。自然界给予我们的资源非常有限。在这个狭小的生态圈里，聚集了迄今为止，人类已经正式发现的全部生命物质，尽管人们仍然怀揣着征服遥远星际的梦想。现实告诉我们：地球生态体就是人类的伊甸园——人类命运共同体。[1]

人类已经脱离蒙昧时代，进入了现代文明。可是，今天的世界却非常不太平。当人类掌握可以摧毁地球生态体数十次的核武器时，各国领袖还有必要为了无休止的争夺或遏制，放任极端激进组织势力泛滥，而自相残杀，最终让人类全部毁灭吗？现代人类必须正本清源，面对现实，跨越种族、民族、国家、阶级、群体等纷争，找到能够统一认识的最大公约数。

---

1　《携手构建合作共赢新伙伴同心打造人类命运共同体》中国国家主席习近平 2015 年 9 月 28 日在纽约联合国总部第 70 届联大一般性辩论上的讲话，新华网每日电讯 1 版 2015 年 9 月 29 日。

共同敬奉并致力于保护地球生态体（可以简称"自然"）——这个生育养育人类的母亲，是当代人类社会的最佳选择，也是唯一的现实选择。

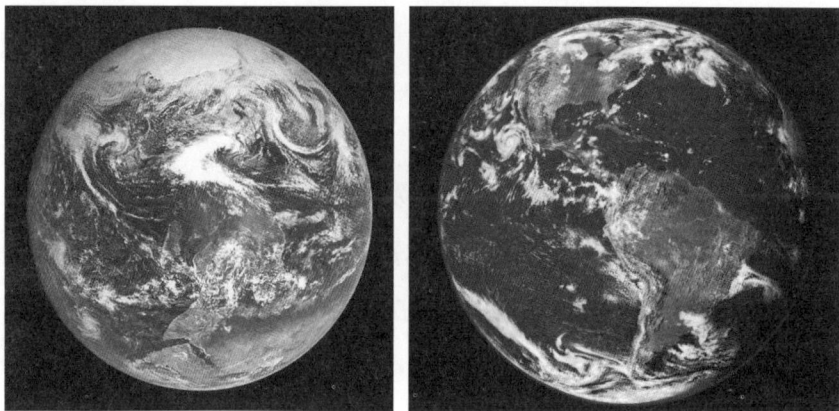

图 15-1　地球生态体

以生态体为本，就是要求社会中每一个组织单元或个人，都要找到自身在其所处生态体（地球生态体或国家生态体等）中的位置，所应扮演的角色、执行的使命、承担的责任、发挥的功能作用，都要遵循客观规律，维护整体运行的协调与平衡，获得法定权利和利益回报，最终实现自身的价值。

以生态体为本就是要从维护整体共同利益出发，通过各种努力与协调，保证整体运行的通畅与平衡。政府只是社会生态体中的一个有机组成部分，发挥着其特有的功能作用。政府和国家最高领导人，与社会其他部分一样，也要以社会生态体的整体为本。

人类是自然生态中的一个组成部分，在人类出现前或消失后，自然界依然存在。人类社会运行也是受自然规律支配的。简单地强调以人为中心，而忽略了自然界对人类生存的关键作用，一定会受到惩罚。

以生态体为本，首先就是以地球生态体为本。地球是其他所有生态体的母生态体。地球是人类共同的生态体，是人类共同的家园。

子生态受制于母生态。无论人们处于何种"子生态体"中，它均是其母生态体的一部分，在母生态体中发挥特定功能，具有角色使命。因此，作为人类社会的一员，尽管人们承担的具体角色不同，但最终都会受到人类对地球生态体（自然界）使命的约束。

每一个人都会受制于所处的特定生态体（直接环境），例如受制于一个公司或一个国家。他要服从该公司的规章制度，以及遵守该国家的法律。如果该公司的制度和经营行为与国家法律相抵触，他就要遵守国家法律，以法律为准绳。因为国家是公司的母生态体，母生态体对子生态体具有支配性的作用。同样的道理，如果国家的方针、政策和法律，与地球生态的法则和规律相抵触，也只能去纠正国家的政策和法律，适应地球生态体，而不是相反。

在20世纪50年代至60年代，中国曾经提出了"人定胜天"的口号以及"农业以粮为纲"的政策方针。导致各地到处垦林开荒，填湖造田，毁草原种粮。曾几何时，山岭光秃，水土流失，河湖枯竭，草原风沙，形成了一场又一场的生态灾难。在这之后的几十年内，国家又不得不花成倍的代价，去纠正过去的错误。停止伐木，大规模造林，恢复湿地与湖泊，治理风沙。由此可见，不管政治主张多么地激情四射，富有感染力，不管国家法律多么地庄严郑重，一旦它违背了自然生态与社会生态规律，就会造成严重后果。因为，被纠正的应该是政治与法律本身，而不是自然与社会规律。

改革开放初期，中国奉行"以经济建设为中心"的国策，由此进入了高速成长时期。高楼一栋栋拔地而起，道路不断地拓宽，城市面积迅速扩大。社会逐渐富裕起来。可是，物质享受带来的快感竟如此地短暂。很快地，市区交通拥挤不堪，宽阔的马路犹如大型停车场，污浊的空气令人窒息。为了获得好的生存环境，居民加速逃离，不少家庭加入"生态移民"的行列。事实再一次告诉人们：对国家和社会而言，即便是正确的决策，如果忽略了人类在自然界中的基本责任，背离了人类社会的使命，好事情也会出现坏结果。所以说"生态正确"应该是"政治正确"的前提与基础。

习近平强调："人类发展活动必须尊重自然、顺应自然、保护自然，否则就会遭到大自然的报复。这个规律谁也无法抗拒。人因自然而生，人与自然是一种共生关系，对自然的伤害最终会伤及人类自身。只有尊重自然规律，才能有效防止在开发利用自然上走弯路。改革开放以来，我国经济社会发展取得历史性成就，这是值得我们自豪和骄傲的。同时，我们在快速发展中也积累了大量生态环境问题，成为明显的短板，成为人民群众反映强烈的突出问题。这样的状况，必须下大气力扭转。"[1]

---

1 《习近平在中共中央政治局第四十一次集体学习的讲话》，新华网。

习近平指出："推动形成绿色发展方式和生活方式，是发展观的一场深刻革命。这就要坚持和贯彻新发展理念，正确处理经济发展和生态环境保护的关系，像保护眼睛一样保护生态环境，像对待生命一样对待生态环境，坚决摒弃损害甚至破坏生态环境的发展模式，坚决摒弃以牺牲生态环境换取一时一地经济增长的做法，让良好生态环境成为人民生活的增长点、成为经济社会持续健康发展的支撑点、成为展现我国良好形象的发力点，让中华大地天更蓝、山更绿、水更清、环境更优美。"[1]

"以地球生态体为本"的理念适用于全人类。这是人类（这一特定生命物质）的基本"规范"。

'以地球生态体为本"，强调人与自然环境的相互依存；强调人与自然资源间的交流平衡。人类社会需要依据自然规律和社会规律，建立公平的社会竞争机制，实现自然与社会运行的整体协调与平衡。

---

1 《习近平在中共中央政治局第四十一次集体学习的讲话》，新华网。

# 第十六章　人类的基本使命

人类作为一个整体，它的基本使命就是：以地球生态体为本，致力于维护自然与社会运行的通畅与平衡（以下简称"人类基本使命"）。

我们可以把地球生态体简称为自然，但这个自然是包括人类社会在内的自然界整体。

人类基本使命的理论基础，就是生态体法则、生态体运行机制和生态体运行规律。

生态平衡不仅仅指生态体内系统间的协调平衡，还指一个系统运行时，前后环节之间的平衡，即整个系统自身运行的平衡。

例如：经济作为社会生态中的一个大系统，是将供给要素（劳动力、土地、技术、信息、管理、资本和环境），通过生产供应过程，转化为产品和服务，经过供给与需求的交换过程后，再进入消费过程，最后经过消费后又转化为供应要素。如此周而复始地循环：

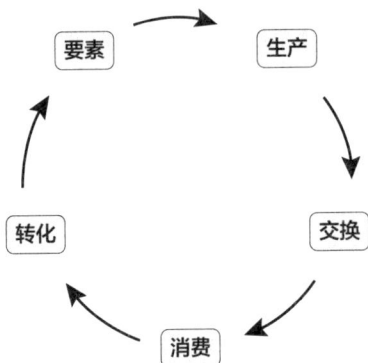

图 16-1　经济系统的循环运行

　　如果生产供应与消费转化这两个环节之间运行不平衡，就会在交换环节中出现供过于求，或者供不应求的情况。当然，这种不平衡也可能只发生在一些特定的行业或一些特定的产品上，即所谓"结构性不平衡"。

　　"人类基本使命"是在智能大爆发开始后，人类被赋予的全新使命。它将贯穿整个生态文明时期。尽管人们活动在不同生态体中，充当不同角色，承负着各自的角色使命，但是，人类基本使命仍然是统一的，具有全面管控力的使命。如同宪法与其他法律的关系一样。

　　对"人类基本使命"这个全新提法，许多人会产生疑虑：为什么在过去漫长的历史中，人类可以尽情地追求物质财富，争取自身的地位和权利，享受"万物之灵"的愉悦？为什么现在要去思考如何以生态体为本，去维护自然生态的平衡，变成一个忠实的"地球守护人"了？为什么不继续奉行"以人为本"，或者"以民为本"的基本理念呢？

答案说来也简单：这是人类文明使然。当人类社会物质资料极大丰富后，就会逐渐脱离了原有的"生存模式"——为人的生存努力奋斗，而进入新的"完善模式"——追求人与自然和社会的和谐，因此而被赋予了这个全新的"人类基本使命"。

为了厘清答案，还是让我们再次回顾一下人类历史吧！

在人类进化成现代智人后的数万年间，主要是以狩猎和采摘为生。那时，虽然发现了火的用途，也解放了双手，可以劳动，但是人类仍然处于一种获取者的状态，与其他异养生物一样，仅靠大自然的恩赐为生，是食物链中的消费者，不是生产者。

农业文明使人类的角色发生重大转变。人类开始从自然界的"获取者"成为"生产者"。人类直接种植绿色植物，养殖家禽家畜，畜牧牛羊，以此获得食物。因此，人类的生活开始安定了，族群逐渐繁衍扩大，并有闲暇从事文化艺术活动。这期间，人类仍是自然界中的一群被庇护者，需要"靠天吃饭"，需要常常祈祷"风调雨顺，国泰民安"。在那个时代，获取生存资料仍然为人类第一要务。

工业文明以蒸汽机、电动机和内燃机为标志，把人类带入"制造者"的年代。劳动效率大幅提升，物质财富快速涌现，物质文明达到前所未有的高度，生存所需物质资料的压力开始降低。但是，其他问题则随之而来：生产过剩的周期性危机频频爆发；资源的有限性和生产能力无限性之间的矛盾日益凸显。

在后工业化时代中，人类社会又面临众多新问题：

第一，人类和自然的矛盾开始激化。在人本主义的价值观念指导下，人类开始无节制地向自然索取，环境急剧恶化，资源枯竭，气候变暖，荒漠化蔓延，水污染和空气污染，大批生物灭绝，由此造成人类自身的整体生存危机。特别是在人权观念干预下，世界人口从 20 世纪 60 年代的 30 来亿，急速增长达到现今的 70 多亿，很快就会突破 100 亿人口。届时，人与自然的矛盾将会更为激化。

第二，社会中劳动人口和非劳动人口间的矛盾开始激化。在西方发达国家中，为保护人的生存权和发展权，实施了一系列的社会福利制度。无收入或低收入人群，其就医与上学完全免费，还会享受到各种生活补助，包括免费餐饮和食品券。无收入妇女生育子女，还可以从政府另外领到每月的生活费。所以美国独身男子非常普遍，社会犯罪率也居高不下。这种情况一代代地传递下去，游手好闲的人越来越多，贩毒与犯罪日益猖獗，监狱人满为患，国家财政难以为继。随着收入水平普遍下降，中产阶级的人口比例开始缩减，纳税人口也就越来越少。富人也在不断地向外转移财产。继而，各种社会对立事件开始频发，执法警察被射杀，社会已经面临着全面解体的危机。

第三，人权法治在世界范围推广则引发更多的矛盾与对立。当少数发达国家独自享用广大世界市场时，人权法治社会的内在矛盾还不明显。当市场经济推向全球，新兴国家快速发展起来，便产生了虹吸效应，工业企业被转移到发展中国家。随着发达国家产业空心化，社会族群间的对立也就越发激烈。特别是人权法治在世界范围被不恰当地推广，又会引起地区战乱，大量难民、移民问题，从而加大了社会内部种族和宗教的冲突。

第四，人本主义的价值理念受到新兴技术的严重挑战。随着信息技术快速发展，智能机器人被广泛采用，就业岗位迅速减少。发达国家的贫困人口或需要救济的人数则大为增加。特别是当生物技术快速发展，可以克隆人类自身时，以人为本的核心价值理念就变得如此的苍白无力，缺乏道德准绳及有效的价值评判办法。

以人权为核心的价值理念已经不再适用当今世界了。它解决不了人与自然的矛盾，解决不了人类自身的矛盾，也无法应对新兴技术的挑战。

当人类的活动可以轻易地改变这个星球，可以随时毁灭人类自身时，我们需要新的"人类基本使命"，并以此作为核心理念，构筑一个全新的思想价值体系。

生态文明即将出现。它以人工智能、生物技术和人为生态（Contrived Ecology）为主要特征，把人类社会带入了一个全新时代。在物质资料极大丰富的条件下，人类的专注力将会放在整体生态的协调与平衡上。这其中包括自然生态、社会生态和人体生态。把这三大层次的生态融合在一起，进而达到整体的协调与平衡，这就是我们追求的"人为生态"（Contrived Ecology）境界。

人为生态就是因人类的活动而引发的生态环境变迁，包括农田、树林、花园、牧场、水库、城镇、道路、交通、工厂、设施、海洋捕捞、水面养殖等。

人类的活动已经扩展到沙漠、高山、海底、南北极地和太空当中。未来的人类，仍然是怀揣梦想并富有勇气，一方面他们会去征服太空，另一方面，他们也会在地球上各种恶劣的环境中继续活动，甚至会在那里居住。人类的这些活动，将不可避免地进一步影响到地球生态变迁。

人为生态领域非常广泛，诸如基础设施、房地产、建筑、能源、环保、交通、园林、农业、水利、医疗、健康、休闲和旅游等。这些过去是经济活动的主要领域，未来仍然是人类经济活动的主要方面。正因为如此，人类基本使命将在人为生态变迁的过程中，发挥指导性和关键性的作用。

人类社会的活动应该符合，并首先要满足大自然赋予人类的职责。人类社会应该明确其在地球生态体中，特别是在自然生态循环系统中的功能角色，了解自身的角色使命与责任，通过有组织和有秩序的活动，充分发挥其在自然界的功能作用。人类应该尊重并维护自然生态，在可持续发展和生存过程中有效地利用资源。

# 第十七章　遵循自然法则

*人类必须遵循蕴涵于万物之中，规范万物的法则与规律。*

## 一、自然法则与社会法则一脉相通

遵循自然法则同时也就是遵循社会法则，二者一脉相通。

如果我们不去思考宇宙的本原和终极真理等这些难以考证的假设，以人类有限的存在去勾画无限的宇宙，而去把对世界认识从无属性与差别，无法认知，近于神的范畴，回归到有一定属性差别和可以被认知的范畴，那么法则与规律就有现实意义和指导作用了。

具体而言，就是要遵循生态体的四个法则、生物体的五个法则、生态体运行规律，以及其他人类社会已经发现或将要发现的规律和法则。生态体法则和规律既适用于地球自然生态体，也适用于社会生态体和人体生态体。

地球生态体是人类生存的母生态体。人类社会中的各种组织、民族、国家等等之类的生态体，包括全人类本身，均属于次级层次的生态体——

社会生态体。人体生态体是最基本的子生态体。其中还可以区分出更小的不同的子生态体和母生态体，包括细胞生态体和微生物生态体。

我们再次复习一下生态体的定义：生态体是指在一定空间范围内，所有生命物质和非生命物质，通过能量流动和物质循环过程，形成彼此关联、相互作用的统一整体。"生态体"自身就是一个运动循环体，它由不同的功能组织部分和流程化的系统功能组织部分构成。这些功能组织部分在运行中要保持自身平衡，也要保持彼此之间的平衡。生态体内部组织成分发生变化，其运行中的平衡关系也往往会发生变化。

当人们找到了自身在社会与自然中的角色，遵循法则与规律，发挥其在生态体中的功能作用时，便容易获得成功。彼此之间就能和谐相处，生活也会幸福安康。

## 二、确保生态正确

遵循自然法则就是"生态正确"。一个事物的对与错，要放在特定生态环境中去考察。该事物要能为周边的生态整体所容纳，能在反复地循环运行中行得通，能与生态体各组分间保持一定的平衡关系，并且还能促进该生态体发展。"生态正确"就是要在与周边事物的整体关联和互动过程中来判别，该事物是否同时符合行得通、可平衡、能促进这三个基本标准。

在普选政治的社会条件下，容易流行"政治正确"思潮。政治正确就是从某种先验的观念出发，推而广之，变成一种普世标准，用以衡量事物，判别是非。尽管这些先验观念在某些特定的条件下证明是行之有效的，例如"民主""自由""社会主义""公有制"等。政治正确观念引导下，世间一切变得如此简单，非此即彼，非黑即白，人们容易亢奋，容不得不同意见。这种"政治正确"的情形，现在也风行于欧美世界中。在民主与自由的政治主张下，美国发动伊拉克战争，继而颠覆"独裁"政权利比亚和叙利亚。人们现在可以清楚地看到：西方的观念与行为方式，不仅没有给这些国家带来和平与发展，反而让当地人民遭受了种种苦难。并且，战乱与难民到处蔓延，殃及欧美百姓，使西方国家的人民也深受其害。"政治正确"开始成为美国社会的笑料。

"政治正确"，应该是建立在对特有的"生态正确"全面理解的基础上，做出的符合实际情况的政治决策。而不是从先哲的语录中，或者在观念上与传统经验中，找寻所谓的"政治正确"。

## 三、从整体上把握生态关系

生态主义主张从整体运行上把握各方面的生态关系。而不是简单地从某种理念和个体的行为方式去理解世界，进而要求各方面的同一性。

自然界由各种植物、动物、微生物组成，形成森林、草地、灌木、食草动物、食肉动物、昆虫和微生物等等功能性组成部分，从而进行物质循环，组成一个完整的食物链。人们不能自认高明，试图用自身的基因去改造其他各种物种，破坏了自然生态的多样化与循环运行。

人体也是这样，由各种不同的机体组织器官和循环系统组成，各自发挥特定的功能作用，保证人体运行的整体协调性。我们不能要求大脑细胞、皮肤细胞、心脏细胞、大肠细胞或眼睛细胞用同样的方式和方法去工作或运行。

同样的道理，每个民族和国家因其地理位置、自然条件、种族、文化及历史沿革等因素，在世界中各自形成了特定的存在方式，从而在地球生态体整体运行中发挥特定的功能作用。我们不能以某种在特定国家行之有效的价值观念，推而广之到各个国家，要求他们采用同样的行为方式。

即使在一个国家内部也是这样。国家生态体需要各方面的功能组织和特定人才，来保障整体的运行通畅和协调平衡。如果大家都上大学，做白领工作，那谁又去做体力工作呢？况且每个人的特点不一样。

如果有幸访问俄罗斯，你就会观察到：那里普及高等教育。公民上大学免学费。绝大多数人都有大学或大专学历。在街上行走，在地铁乘车，均可以看到：人民修养很高，衣冠楚楚，举止文明。可是俄罗斯的经济却发展缓慢，社会缺乏活力，收入水平低。与此相反，在美国和中国，街面上的行人各色各样，穿戴随意，教育水平参差不齐。可是这些国家经济发展快，物质丰富，社会活跃，收入反而高。可见，整齐划一的高等教育，并不一定有助于社会发展。所以，国家的中等教育和高等教育也应多样化，要因材施教，满足社会各方面的需要。

保持生态多样化，使每个人的行为与其承担的特定社会角色及其发挥的社会功能职责相一致，恰恰正是生态体得以运行的基本方式。理解生态的多样性、特定性和功能性，从整体运行上把握和协调好各方面的生态关系，是生态主义有别于其他方法论的主要特征之一。

生态主义主张理解生态的多样性、特定性和功能性，从整体运行上把握和协调好各方面的生态关系，构造一个与自然环境和自然资源相适合的，依据自然规律而运行的社会。各族人民在这个生态大同社会中，可以平等竞争，自由竞争，和谐相处，幸福地生活。

# 第十八章　地球生态守护人

有效地执行人类基本使命，认真地遵循自然规律，最好的方式就是矢志不渝地做一个地球生态守护人。

做"地球生态守护人"这一命题会引发许多疑义。有人会说：从关爱自然角度出发，自愿地去守护地球，是一件高尚的事情，作为义务工作可以去试一试。但如果把人性、人权、利益、权力、影响力和人身自由，这些主导当今社会的人生追求都降为其次，而去首要地执行"人类基本使命"，还要做"地球生态守护人"，则实在有些勉为其难。

传统的政治家也同样认为：人的本性是喜欢富足和安逸，只要从民所欲，满足他们不断增长的物质和文化需要，社会就会稳定，国家也会强大。

现实生活中，情况并非完全如此。当人们处于贫困饥饿之中，富足与安逸固然是人性追求。当人们天天大鱼大肉，饫甘餍肥，得了一身富贵病时，粗茶淡饭和劳作节食也是人性的追求。劳累疲乏时，自由闲暇就是人性的追求；无所事事时，繁忙充实也是人性的追求。高官厚禄是人性追求；闲云野鹤也是人性的追求。所以，人性是相对的，人生目标也是相对的，也许只有平衡状态才是美好的。

目标孕育在条件之中，体现在条件的形成与目标的实现过程之中。例如，父母为养育孩子日夜操劳，盼望孩子早日成人，安家立业。一旦孩子长大了，离家而去时，父母往往顿感失落，此时才恍然领悟，其实养育孩子的辛劳过程就蕴藏着无穷的快乐。

人生奋斗拼搏，孜孜不倦地追求，其目标往往可望而不可即，但由此产生的源源动力，却成为生命之泉、健康之泉和幸福之泉。辛劳付出不图回报，其本身就是回报。

拥有长远目标，获取不竭动力；了解人生意义，调节身心平衡。这不仅是维护身心健康的有效方法，也是长久地凝聚民心，使国家富强、社会安定，进而使人类与自然和谐的有效方法。

人类社会是一个复杂生态体，需要执行严格分工，既要维护局部组织的运行平衡，也要维护整体的运行平衡。这与人体运行的原理很相似。

人体对内也是一个生态体，由几十万亿个细胞组成。人体中的器官、机体组织以及更小的各个细胞，均要以人体生态体整体运行为本，依据整体运行的协调与平衡而去行为。对人体而言，不能强调以细胞为本，放纵个体细胞追求个性与自由，而忽略整体的关联与利益。如果那样做，健康细胞就会癌变。癌细胞吸收其他细胞的养分，使器官组织变异，功能丧失，并且还会扩散到全身，危及人的生命。

此外，人体中各个机体器官和组织中的细胞均不一样，大脑细胞、皮肤细胞、胃细胞、心脏细胞等，彼此差异性很大，且细胞每时每刻均在分裂与凋亡。如果以个体细胞为本，又以哪种细胞为本呢？另外，人体也不是细胞的简单堆积，不能抽象地讲以全体细胞为本。所以，对人体而言，只能以人的整体利益为本，以人的整体运行均衡和健康为本。

人体的健康不仅仅是为全身细胞提供足够的食品和饮料，维护必要的温度，满足生存需要，而且还需要运动，锻炼和工作，需要拥有一个积极向上的精神状态，具备坚强的整体生存信念。

人类社会作为生态体也是一样，不能强调以个体的"人"为本或以抽象的整体"人民"为本。人类社会只能以每一具体的生态体整体为本。中国是一个生态体，美国也是一个生态体，欧盟正在形成一个新生态体。地球是人类的共同生态体。

矢志做一个地球生态守护人，就可以在从事每一项具体工作，充当特定的社会角色时，有效地执行人类基本使命。这就像人体中的每一个具体细胞，能够在日常行为中自觉地维护人的整体运行平衡，从而形成主体意识，具有顽强的整体生存意志，进而焕发出强大的精神力量。

人类基本使命是一个总规范。做一个忠实的地球生态守护人，则是每个人的具体目标。守护好地球生态，就可以守护好人类生态、国家生态和社会组织生态。同时，也将会守护好自身生命——人体生态。

第二部分／**人与社会**

# ─ · 价值观篇 · ─

价值观是人类社会关系的核心，是最基本的社会行为准则。一个社会的法律关系与伦理道德关系，也是根基于该社会的基本价值观。

价值观与社会的生产力水平相关联，与生产关系相关联，与人类生存方式及社会的组合方式直接地相关联。

人类社会基本价值观与人类基本使命不同。基本价值观主要反映的是社会的经济关系、生存关系和一般性的社会交往关系。它就像是构成人体生理组合的平衡机制。而人类基本使命则是源自于生物生态体的共同意识，是人类的信仰与追求。

本篇各章将详细说明农业社会、工业社会以及即将来临的生态社会的组合方式与治理方式。在此基础上说明他们的基本价值观，比较他们的异同。

本篇预测了生态社会的运行方式，并展示出生态文明的魅力所在。

在生态社会中，人类基本使命将与社会的基本价值观结合在一起，实现人类社会"灵"与"肉"的完美融合。

# 第十九章　价值观和价值体系

　　每个人生活在社会中，都会拥有特定的社会角色。因而会有不同的观感和角色体验。例如当你是幼儿时，会怎样看待父母？你到了学校后，又学会怎样与老师和同学交往。当你成为父母，有了自己的孩子后，又会有什么感受呢？

　　人生变化，人们每一天都会在不同的社会角色中不停地转换。早上上班时开车，是司机。到了单位，是职业人。中午吃饭，是餐厅客户。下班后去超市购物，又是消费者。回家后是父亲和丈夫，出差时是乘客，去医院又是病患人员，等等。要知道，充当每一个社会角色时，都需要有特定的行为方式，遵守特定的"角色"规定。无论开车、上班、购物、当父亲、做丈夫、还是旅行，一个人每时每刻都需要对眼前的事物做出判断，鉴别是非，提出对策，引导行动。

　　为了应对这么多纷繁的事情，人们就会在意识中形成一些准则，用来鉴别与判断，引导自己的社会行为。这些准则可以通过各种知识渠道，以及从行为反馈和经验中来获取：也可以在自觉或不自觉的过程中，逐渐地被培养出来。例如，在家庭晚餐时，在学校上课时，从对其他人的行为观察和体验过程中，人们会慢慢地形成了自己的行为准则。

这些行为准则在社会范围内普及，渐渐地趋于一致，并在代际间传递，成为社会公认的最基本观念准则，用来调节人际关系，规范社会行为。于是，这些观念准则就被统称为"价值观"。

价值观就是在观念意识上，引导人们社会行为的基本准则。

以上关于价值观的定义虽然简单，却具有了丰富的社会涵义。可以从以下几方面来具体理解：

（1）价值观是观念意识上的准则——思想上的尺度。在处理社会人际关系时，价值观可用以判别是非，指导行动。

（2）价值观是引导社会行为，调节社会活动的平衡机制。不仅个人每天的行为是围绕着价值观上下波动的，社会中绝大多数人的行为也是围绕着价值观波动的，从而保障社会行为的一致性、协调性和整体均衡性。

（3）价值观是基本的准则，比一般的伦理道德准则更为抽象。所以价值观往往适用于多种社会角色，保证人在角色中转换的协调性。

价值观因社会经济基础关系不同，而彼此间具有较大的差异性。例如在农业文明为主导的社会中，注重集体和族群的整体利益，强调大公无私的献身精神，并以此作为社会主流的基本价值观。而在工业文明社会中，又强调人格平等和人身自由，把人的权利作为主要的取舍标准，形成在市场经济下特有的基本价值观。

价值观因社会角色不同，彼此间也会有一定的差异性。例如，企业家注重经济效益，追求利润回报。企业家的价值观，与教书育人的教师的价值观相比，就会有较大反差。

每个社会都有一个适用于全体公民的最基础的价值观——基本价值观，还会有一系列适用于不同社会角色的特定价值观。这些价值观彼此协调，相互平衡，形成一个价值观体系。我们把它简称为"价值体系"。在价值体系中的价值观彼此可以不同，但又必须相互兼容。所以价值体系既是社会角色中各个成员间的平衡机制，也是不同社会角色中人们间的平衡机制，还是社会整体的平衡机制。

图 19-1　价值观体系把社会连接在一起

# 第二十章　农业社会的价值观

有史可查，上溯五千年历史中，人类主要从事农耕和养殖生产和相关的建筑、手工业、艺术和文化活动。期间社会治理组织逐渐发达起来，形成了以农业文明为基础的"礼治社会"。

礼治社会是以权威为主导，以群体依附（包括人身和权力依附）为基本特征，通过思想控制、组织控制和行为控制的方式，实现统治的一种社会治理和运行形态。

"群体依附"就是农业社会的基本价值观。群体依附生存方式在原始氏族社会便存在，它也是一种动物在自然环境中维护生存的本能行为。但当人类群体发展到异常庞大时，一般性的群体意识就难以维护整体的一致性了，在这种情况下，人类社会就需要采用更为严格与集中的权威方式，用来维持社会秩序和整体利益。

农业社会的权威主要是通过精神信仰、军政强权与个人威望这三种方式来建立。其中精神信仰最为持久，个人威望最易变化。所以人们想建立权威体制，除了获取军政权力外，还需要抓住意识形态这个纲，通过造神或者个人崇拜等方式，伴之以制度化的人身和权力依附关系，来规范人们的思想与行为。从而形成以群体利益为本的"依附"，这一礼治社会的基本价值观，以及与之相应配套的伦理道德体系。

"依附"价值观有许多表述方式。例如：家族整体利益等。其核心是把群体利益放在首位。个人利益必须服从群体利益，甚至可以为群体利益做出牺牲。

中国古代的儒家，在"依附"这个基础价值观上，构建了一套较为完整的社会价值体系。儒家提出"忠、孝、仁、义"这个维系群体关系的基本准则。"忠"是指对君主，对主人要忠诚。"孝"是指子女对长辈要敬重，要孝顺，即孝敬父母，尊老敬贤。"仁"泛指人际关系中要有同情、关爱、友善与慈祥等富有爱心的待人方式。这里还特指对百姓和子民施与仁政，以及长辈对晚辈的态度，以达成群体间"上下相亲"的和谐关系。"义"不仅仅是指对友人、同事和乡亲等群体交往时要仗义，有义气，还指在待人理事时，要有责任心，讲信用，执公义，有节操。有了"忠孝仁义"的伦理规范，再加上"礼义廉耻"的制度化设计，与军政强权配合起来，就形成了可以长治久安的百年王朝了。

在20世纪60年代至70年代，中国社会的个人一切活动都需经过"组织"（国家的政府机构、社会团体与经济团体）来安排。每个人都生活在"组织"这个群体中，仰仗组织而赖以生存。所以，人们在思想上被正式灌输或潜移默化，就会形成群体依附的基础价值观念。

　　历史上，礼治社会在欧洲、非洲和亚洲地区，无论以统一帝国或城邦领地的形式，或是以政教合一的宗教国家的形式，还是采取思想主义专政国家的体制，尽管形态万千，但其社会治理的主导方式仍然趋于一致。

　　礼治社会有赖当政者的贤明。在勤政爱民执政者的努力下，社会可以保持较长时期的太平繁荣。但是，礼治社会禁锢了人们的思想，阻碍了人员的流动和社会进步。礼治社会决策权力集中，对市场反应慢，资源配置效率低，其所特有的权势依附，助长了贪污腐败和糜烂之风，容易引发大规模社会动荡，造成政权不正常和无规则的更替。随着工业文明和市场经济的发展，礼治社会终归要让位于法治社会。

# 第二十一章　工业社会的价值观

工业文明社会与市场经济相伴相生，新兴资产阶级以自由人的身份经营工厂（工场），希望能聘用到摆脱人身依附的自由劳工，能在市场上自由地交易商品，进行公平的竞争。

工业文明社会是以人本法治原则为主导，以公民人身自由和公民权利平等为特征，通过自主行为、自由交换、权利义务明确和违法惩处的方式，实现管理与控制的一种社会治理和运行形态。这就是我们通常讲的法治社会。

人的"权利"就是工业社会的基本价值观。通常情况下，我们把这个以个人权利作为基本价值观的现代工业社会，称为"法治社会"。

宪法规定了人民的基本权利，也规定了国家权力行使的范围和方式，把政府职权、民主选举和政治运作都纳入法律轨道，防止权力滥用。法治的基本原则是任何组织和个人都不能超越法律之上，都必须受法律的节制，执政党也不例外。在法治社会中，政权的轮换与更替，一般均采取民主政治抉择办法，通过程序化和制度化的方式予以完成。

法治社会保障公民人身自由，包括工作、迁徙、居住、结婚、生育、言论、集会、游行、结社等方面的自由；也保护公民的基本权利，包括私有财产所有权和处置权、受教育的权利、投资权和受益权，以及各种法律规定的其他民事权利。

法治社会源自市场经济的高度发展，法治又为市场提供了政治和法律的保护，进一步哺育市场经济。法治社会保障公民的自由参与权，保护市场上合法交易者之间的自由交易权和财产所有权，提供了交易活动的准则和交易纠纷的解决机制，并且提供了稳定的社会政治和商业环境，能够促进市场经济的发展。法治社会将决策权分散，有利于提高效率，有利于资源的合理配置。

法治社会使人们摆脱了人身依附和权势依附，每个人都需要面对生存竞争，有利于激发人的内在潜力，更具进取心和创造力，整个社会呈现出较大的活力。所以，实行法治的国家，比实行礼治或半礼治的国家，具有更强大的社会竞争力和国家综合实力。

在法治社会中，家族和宗法等级关系淡漠了，人和人之间平等相待，互惠有偿，权利和义务对等，每个成年人作为独立的法律行为主体，均对个人的行为结果承担责任，违法要受到法律惩罚和处置。法律必须为所有的个人提供同等的保护。

现代法治社会的市场经济，冲破了地域性自然经济的樊篱，将分散生活的人类群体逐渐地组合成一个整体，并且实行着新的社会分工。以家族血缘关系为纽带的谋生方式渐渐地褪去，传统群体依附式的社会关系不复存在，以群体利益为本的价值观念也随之被抛弃，取而代之的是全社会一体化的平等自由的交换关系。

"权利"是法治社会的基本价值观。体现为契约式权利与义务对等的关系。围绕着人的权利与义务关系，进而演化建立起一整套价值观念体系和行为方式，深入到生活每一层面。例如：国家领导人只是尽其职责，执行宪法赋予的权力，履行义务，完成对选民的承诺，并不要求民众对他们的"忠诚"。家长与子女之间也是相互平等的权利义务对应关系。在子女年幼时，父母尊重子女的各种权利，尽抚养和教育的义务，子女也尊重家长的权利，尽自身的义务。一旦孩子成年后，父母完成义务，不再更多地提供经济支持，也没有权利要求子女们尽"孝"，给予回报。到了年迈行动不便时，父母将使用自身的积蓄，利用社会服务机构的设施来度过晚年。那时，成年子女们往往扮演着监护人的角色。

工业法治社会以"权利"为核心的基础价值观，注重个人利益，维护个人权利，但社会公民也知道自身权利的边界，同时仍然要尊重他人的权利，不要侵犯他人的权利。美国孩子很小就知道，用别人的东西要得到他人同意，即使是家里公用的东西，也要询问父母，获得首肯后才动用。孩子们从小就具有非常清楚的"权利"意识。

目前，中国正处于向现代法治社会的过渡过程中，要想完全适应法治社会还有一个过程。例如在群体依附的礼治社会中，大家习惯了上下有别，尊卑有序，家庭互助，赡养老人的行为方式。一到美国就不一样了。美国讲究权利义务，对儿童不能体罚，不能侵犯他们的隐私权利。进屋前要先敲门，获得许可后才能进去。孩子年满 18 岁后进入成年，父母丧失监护权，也没有继续抚养的义务。不像中国人，40 多岁了，还在啃老，向父母要钱买房。所以农业文明价值观与工业文明价值观之间，协调起来难度不小。

这里有一个真实的故事。有一对来自中国天津市的老夫妻，丈夫退休前是实验中学的教师，事业上非常成功，也有不少积蓄。他们辛辛苦苦地供唯一的儿子在美国读书。但是，儿子毕业后却选择在美国定居，又娶了一个中国女留学生为妻，育有两个孙子。老教师为了支持儿子在美国上学与谋生，已经花尽毕生积蓄。最后，老夫妻把自己在天津的住房也卖了，一起搬到美国，祖孙三代住在一起。虽然这一家人都受过良好教育，但一起生活后，仍然无法使两种价值观相互兼容。三代人在日常生活中，经常发生观念上的激烈碰撞，无法协调好。

这对老夫妻最初用维护家庭群体的思路，把积蓄和财产全都给了儿子一家。后来发觉三代人思想观念不合，无法在一起生活。于是，老教师想要分开过日子，但再想把给出的钱要回来，已经太晚了。因为索要钱财而发生口角，引发家里人激烈对抗。老教师在激愤中拿刀杀了儿媳。最后老教师自己也在监狱中上吊自杀了，这样的家庭悲剧，实在令人感慨！

我们还可以看到两种价值观在社会过渡与融合中的各种现象。例如，习惯于群体依附价值观的人，在进入市场经济后，往往会把"找关系"作为行为导向。以金钱和权力为媒介，编制一个个新的利益群体，形成大面积腐败。这种情形在过渡国家中，都非常普遍。所以社会价值观的转变，价值体系的建立，是一个长期过程，需要几代人的努力。

虽然以权利价值观为基础的当代价值体系，适应了工业文明社会的集中生产和统一市场的现状，具有一定的优越性。但是，在"人本主义"或者是"以人为本"的基础上形成的"权利"价值观，仍然具有特定的历史局限性。

人类作为一种生物体，只是自然界中的有限存在，受制于自然与社会规律。人不能成为衡量万物的尺度，也不能将自身的权利作为终极目标。况且人类本身就应该老老实实地遵循客观法则和物质规范。

脱离人类赖以生存的地球环境，忽略人类进化的漫长历史过程，不去考虑人类的未来，简单地强调以人为中心，既缺乏逻辑说服力，也缺乏历史的说服力。

自 2008 年美国金融危机后，权利价值观日益受到来自各方的挑战。美国白人由于大量失业，以及收入水平停滞或下降等原因，不满情绪日增。他们中许多人认为是外来移民和少数族裔抢了他们的饭碗。于是，提出"白人的命也重要""我们有权生存"的口号。2017 年 8 月，美国弗吉尼亚州夏洛茨维尔市爆发了游行示威冲突，造成三人死亡，几十人受伤的惨剧。该重大事件被认为是可能引爆新型社会动乱的前奏，所以引起了世界范围的广泛关注。

在美国，不仅多数族裔群体要"维权"，少数族裔群体仍在继续发泄着各种不满。美国黑人和拉丁人因为其受教育水平和收入水平相对较低，犯罪入监狱比例数则很高，因而不断地进行"维权斗争"，各种社会冲突不断。美国的亚洲人又因为大学实行按人口比例录取新生的法案，又认为自身受到歧视性对待，权利受到损害，也愤愤不平，聚会抗议。

为了维护各方面的权利，满足社会福利开支的需要，美国政府已经背上巨额债务。另外，伴随着人工智能广泛应用，失业率将会持续走高。未来社会的失业救济工作将更为繁重，政府财政也更将难以为继。这将促使美国政府无可挽回地走上破产之路。欧洲也一样，世界范围内新的危机正在来临。

随着后工业化时代的到来，生态文明的兴起，"权利"价值观的局限性开始凸显，人权价值观将会被新的价值观取代。

# 第二十二章　生态社会的价值观

信息技术的快速发展，使人类社会由分散群体组合，逐渐地演变为高度一体化的有机整体。在可预见的将来，生物技术会掀起一轮新技术潮流，带动经济实现快速发展。环境保护技术和资源再生技术的进步，已经分别带动了新兴产业的发展，将人类社会与自然生态环境紧密连接在一起。人类社会开始从后工业时代，步入了全新的生态文明时期。生态文明将催生一个新的生态社会形态——机制社会。

机制社会是以自然规律和社会运行规律为主导，以平等竞争和自由竞争为特征，通过激励引导、有序竞争和整体协衡[1]的方式，实现治理的一种社会运行形态。

生态社会的基本价值观，是建立在以生态体为本基础上的"使命"价值观上。人们首先需要明辨自身在生态体中的"角色"定位及其"角色使命"。然后，在平等竞争和自由竞争的基础上，依据"使命"行使

---

[1]　金建方：《生态社会》，第十章，南开大学出版社，2016年6月。

权利，履行义务，发挥应有的社会功能，获取收入回报或社会分配。

"使命"作为生态社会的核心价值观，需要通过生态体中不同的系统和功能角色，以及"角色使命"这一机制来引领，从而渗透到生态体的每一层面，构建起全新的生态社会价值体系。

在社会活动中，人们无论充当任何一个社会角色，从事某一项工作，应该首先考虑这个社会角色使命是什么？要完成什么样的社会责任？然后再去考虑自身的权利义务。例如当司机开车，应首先明确要维护道路安全与通畅的社会使命，然后围绕这一使命，再行使自己的行路权利，并履行自身的义务。

如果是从事食品生产与供应工作的，也要先明确充当这个社会角色的使命——保证食品安全，然后再明确自身的权利义务，在竞争的环境中提供物美价廉的产品。即使作为公民，也要首先考虑作为公民的使命与责任，要为社会做出贡献，然后再行使权利与义务。而不是一上来就只考虑自己的"生存权利"，向社会无休止索取，不去承担任何责任。

在生态社会中，"使命"相对于"权利"，是更为基础的，并且起着主导作用的价值观。我们可以通过以下例子，来了解使命与权利的相互关系。

2017 年 4 月，美国发生一起航空公司与乘客的纠纷案。联合航空公司（United Airline）的一架由芝加哥起飞的飞机，因有 4 名公司的工作人员需要临时乘机前往异地工作，所以需要 4 名乘客放弃座位，改乘其他航班。但是，当时飞机上没有人愿意放弃座位。联合航空公司只好依照法律规定，启动随机挑选的程序，选定 4 人，同意支付每人 800 美元的补偿，并要求他们立刻下机。可是，其中一人却不服被挑选，与航空公司发生争辩，最后被警察强制执行，而且在执行中被碰得满脸是血。此过程由其他乘客当场拍照，上传到网上，从而引起了社会广泛的讨论。

社会舆论认为：如果依据"权利"原则判断，航空公司依法依规处置，具有一定的正当性；但如果依据"使命"原则判断，航空公司则违背了其社会角色的使命——将乘客安全运抵目的地，因而失去正当性。

怎样解决这个二律背反的矛盾呢？联合航空公司最后自动选择了使命而不是权利。为了维护信誉，避免在竞争过程中被淘汰，联合航空公司最终选择认错，不仅满足乘客的赔偿要求，而且大幅修改公司规定，放弃了自身的许多"权利"。

这个案例清楚地揭示了未来社会的运行法则："权利"只有建立在"使命"基础上，才能真正地去发挥作用。

在大数据时代，个人的隐私领域日趋缩小，人们相互间的行为关系越发透明。每个人从出生到死亡，其行为、特点和结果均被电子数据记录在案，难以遁形。因此，人们若想在社会立身，获得较好收益，必须时刻注重自身从事的任何社会角色，忠实地执行每一个角色使命，发挥应有的功能作用，维护好自身的信誉。由此才能获得社会与他人的认可，得以安身立命。

在生态文明时代中，那种不断地靠法律博弈，靠他人救助或街头斗争来维护自身"权利"的现象，将会日趋减少。届时，基于权利价值观而形成的"政治正确"，将让位于"生态正确"——使命价值观。那些不能执行使命，无法发挥其角色功能的人，会被淘汰出该社会角色位置。自由竞争与平等竞争的新社会机制，将使淘汰过程更为公正。

# 第二十三章  价值观的社会基础

在不同历史发展阶段，人类社会的行为准则及其相应的价值观念，取决于该时代的物质生产组织方式。

在农业文明时期，人们从事农业和手工业的分散劳动，生活在村落、农庄、城邦、领地、公国等分散的区域内。生存条件相对恶劣。相互依存，共御外辱，则是当时赖以生存的基本方式。因此，家族血缘关系以及同区域的群体利益关系，被置于重要位置。以群体利益为本的"依附"价值观，便成为社会共同的行为导向。

在工业文明时期，完整的市场交换体系业已形成，实行集中生产和统一销售。人口能够自由迁徙，大规模流动，逐渐聚集在城市周边。工业社会中，实行自由投资的企业家，聘用自由之身的劳动力或雇员。人们在商品市场上自主决策，自由买卖，并在资本和信息市场上，随行就市地自主交易，因此而形成了平等交换的契约关系。所以，以权利和义务为核心（简称"权利"）的价值观，便成为社会共同的行为导向。

在生态文明时期，社会高度一体化。互联网、物联网、大数据、人工智能等信息技术，把人的即时行为和物品的瞬间状态，密切地连接起来。地球上一处发生的事件，同时地传播到各地，形成信息超对称状况。传统金字塔式的管理模式受到挑战。现代交通运输更使得地域之间的距离极大缩减。人类的行为与自然资源和环境的关系，已经是密不可分。例如：一个区域核战争加上核泄漏，则意味着地球大规模的核污染，而随着大气扩散，人类均难以幸免。

生态社会以满足个性化需要为诉求，实行按需生产。商业流程从接受需求订单开始，根据订单去组织生产与采购。而不是先去生产，再行组织产品的营销和销售。小批量和多品种将成为主要生产方式。生产规模将不断地缩小，社会化协作程度却会大大地提高。

生态社会中，人们可以把各种供给要素自由地组合起来，提供各种产品与服务，用彼此间的自愿合作替代了工业社会中的雇佣关系。由于信息发达，交通便利，支付简单，政府干预少，社会交易成本也将趋于无限小。

在生态社会中，每个人每天都会充当不同的角色，因而需要随时地，严格地去执行该角色使命。以角色使命为核心的价值观，将成为主导社会的基本行为导向。

以角色使命为核心的价值观，符合生态法则，也符合生态体的运行规律。这里要注意，无论在自然界还是在人类社会，角色使命都是源自于该角色在生态体中的功能作用。

例如在自然界中，不同的动物处于不同的食物链环节上，各自发挥不同的自然功能作用，因而它们就会具有特定的角色使命。绵羊有绵羊的使命，狼有狼的使命。

伴随着社会物质条件根本性的改变，人的行为方式也将会发生相应的变革。人类作为一个整体，其使命的改变，正是因为人类社会摆脱了生存的束缚，在自然界中重新定位，将自身脱胎为新的自然存在角色。

在经过工业革命后几百年的发展与进化后，人类社会由过去分散的群体组合，开始演变成为一个真正的有机整体，一个与地球生态合为一体的有机生态整体。在这个新机体中，每个人直到国家领导人，他们决策与行为，均会对生态环境和社会整体产生影响。因此，以地球生态体为本，忠实地执行自身角色使命，就成为生态社会的价值观基础。

在执行各种社会角色使命的同时，所有的人都应该牢记人类基本使命，以地球生态体为本，致力于维护自然生态平衡与社会生态平衡。

在地球生态体中，每个人都具有平等竞争和自由竞争的权利，有权选择最适合自身的工作方式与生活方式。但是，无论每个人如何工作与生活，都须肩负着人类的基本使命。

生态社会整体中的各个系统，在系统流程环节中的不同角色，其角色使命总和，构成一个完整的生态价值体系。在这个生态价值体系基础上，形成的权利义务关系与伦理道德准则，就是生态文明社会的日常运行机制。而生态价值体系则是其中的平衡机制。人类基本使命，又是生态文明社会得以凝聚与协调的综合机制。

　　生态社会是一个"生态正确"的社会环境。社会人口要与自然资源和环境相适应。社会人口结构和质量要与社会生态体的运行相适应，能够彼此相互协调与平衡，有利于持续健康地发展。只要在生态正确的基础上，法治社会环境才能维系，各种道德规范才能发挥应有的作用。

# 第二十四章　价值观在社会架构中的位置

在人类社会，凡是固定的社会群体组织，不管他是以公司和社团的方式出现，还是以国家的方式出现，均是一种生物生态体。

相对于一般生态体，生物生态体另外还具有主体意识、成长性和进化性三个基本特征。

人类历史上的生物生态体，最初是以原始氏族部落的形式出现。随着农业生产的发展，国家开始出现，其主体意识特征也越加明显。

主体意识是一种群体的整体意识现象和行为特征，决定了人价值取向与行为的准则。它有助于规范社会或组织秩序，增强群体凝聚力，激发组织成员的士气。主体意识以一定的社会环境为基础，在生存和发展中培育，萃取精华，逐渐积累而成，并随社会基础条件与环境的改变而调整。

主体意识不仅仅是一种精神现象，事实上它贯穿于人类社会组织各个方面，包含了从精神到意识，从思想到行为，从成效到形象，以至于与环境互动的整个过程。它与社会文化和组织文化密切关联，并以文化方式，渗透到社会与组织内部架构的各个层面上。

人类社会的精神现象与文化现象，究其根源，均来自于生物体行为法则和生态体运行法则。精神文化与生物个体的生存、关联和发展的需要密切关联；与生物群体的自主性、竞争性、适应性、遗传性和变异性密切关联；与社会成员之间的相互依存、相互制约、保持秩序、消弭冲突等等关系密切关联。一个社会组织，无论是社团还是公司，其内部工作组合与角色职责的履行，除了依靠规章制度外，还需要其特有的组织文化来进行协调。不同生态体的限定性，也构成组织文化上的特定性质。

主体意识和组织文化均受制于特定的生物生态体，受制于生态体的法则与规律。但是，他们也有自身的架构和运行方式。如图24-1所示：

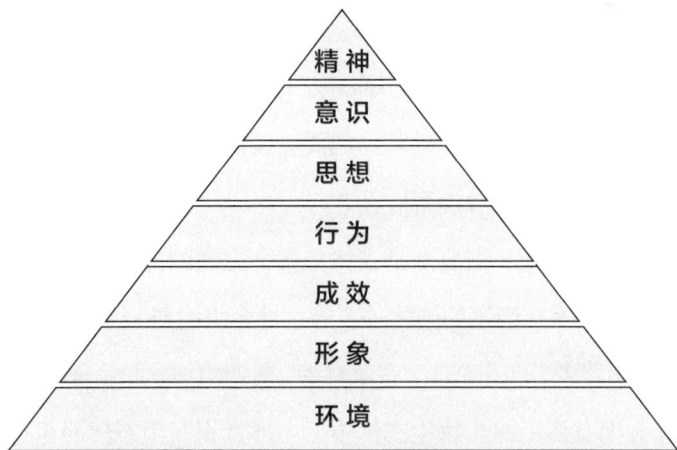

图 24-1　社会意识与文化架构

这个架构共有七个层次的内容：精神、意识、思想、行为、成效、形象和环境。它包含了从精神到意识，从思想到行为，从成效到形象，以至于与环境互动的制约作用过程；再由环境反作用于形象→成效→行为→思想→意识→精神，这样又一个反向依次作用过程。

（1）在精神层面，主要有使命、理念、信仰、基本信念等。

（2）在意识层面，有导向性的行为准则、价值观、价值体系等。

（3）在思想层面，有伦理规范、道德标准、社会文化、组织文化、思想方法。

（4）在行为层面，主要是指规定、程序、流程、规矩、规则、规范、礼仪、礼节、员工守则、职业操守以及措施等。

（5）在成效层面，主体意识和组织文化表现为社会风气、职场氛围、凝聚合力、态度、奉献、进取、评价、体验，以及言谈举止、职业素养等。

（6）在形象层面，包括城市面貌、地理植被的风貌、标志、网页、样本、广告、商标、外观、外貌、门面、装潢摆设、整洁卫生、衣着容貌、国旗、国歌、制服等内容。

（7）在环境层面，主要是指主体与各个方面的关系，例如人类社会与自然生态的关系，国家的国际关系等，社会组织与公众、政府、社区、媒体组织、消费者、客户全体、竞争对手、行业组织、职业合作人等关系。

在社会生态体——生物生态体中，主体意识与生态体的运行过程息息相关，互为表里，成为社会活动过程中一个重要的有机组成部分。

从以上社会意识与文化的架构分析上看：人类基本使命属于精神层面，具有主导性作用；价值观念和价值观体系属于意识层面，起着引导性的作用；伦理和道德属于思想层面，起着规范性的作用；社会风俗、礼仪、规定和习惯等，属于行为层面，起着秩序性的作用。通过这个分析框架，不难看出社会生物生态体的整体作用方式与作用路径，以及从环境到精神的依次反作用的关系：

精神─→意识─→思想─→行为─→成效─→形象─→环境

环境─→形象─→成效─→行为─→思想─→意识─→精神

有了这个分析框架，再加上生物体法则、生态体法则、生态体运行机制、生态体运行规律和机理论，以及生态社会学、生态经济学、生态货币学和生态管理学的相关内容，我们就可以开始探求生态社会的伦理与道德了。

## －·伦理道德篇·－

伦理是用以规范社会角色之间关系的准绳；道德是完成社会角色使命的标准行为方式。

人类社会又进入一个重大变革时期，工业文明行将结束，生态文明正在到来。当前世界范围内的重重危机，正是新型生态社会诞生前的阵痛。

从今以后的几十年，甚至上百年的时期内，人类开始从工业社会不断地向生态社会过渡。此间，社会结构以及人际关系将发生巨大变化；相应的，人类的价值观、伦理与道德，均会随之发生重大变化。

若干年后，现有的国家政治体系可能将不复存在，社会治理方式也会发生重大变革。世界一体化将使得各种功能化的社团组织或经济组织快速发展，跨越国界和地区，在全球范围内重新组合，替代了现有的社会治理机构。这些全球化的功能性系统，将会形成自身的特定流程，并在系统间自行协调，保持平衡状态。

在世界范围内，人类社会将呈现出某种扁平化式的结构状态，进而演变成为一个新的有机体——地球生态体，或称人类命运共同体。

面向未来，我们开始探讨人类伦理与道德。

# 第二十五章 伦理道德综述

什么是伦理与道德呢？众说纷纭。

我们这里采用生态社会学说的观点：伦理是用以规范社会角色之间关系的准绳；道德是完成社会角色使命的标准行为方式。[1]

## 一、伦理

伦理主要是指处理自然与社会角色之间关系时，应遵守的准则、方法和道理。例如中国社会的"五伦"，讲的就是家庭、工作单位和社会中，不同角色成员之间，如何处理彼此关系的准则。五伦是：父子有亲，君臣有义，夫妻有别，长幼有序，朋友有信。其中，君臣主要是指上下级的隶属关系。这些均是过去几千年来，中国人基于当时社会的实践而归纳总结出来的人际关系准则，用以规范社会角色与家庭角色之间的相互关系。当然，随着社会变迁，这些伦理关系也会改变。

---

1　金建方：《生态社会》，第十一章，南开大学出版社，2016年6月。

角色关系较为复杂，既包括社会成员中的纵向与横向关系，也包括社会系统流程中每一环节中不同角色间的关系，要考虑先后、主次与因果等多重因素，还要考虑到时间和发生的频率，以及人与自然界的种种联系等等。但是，最主要的还是要看该角色在生态整体中的功能作用，看它与其他角色之间的联系方式。

举个生物伦理的例子：人类应该摄取何种食物？许多宗教都涉及这个问题。佛教认为人应该吃素食，应吃植物性食物，不要吃动物性食物，避免"杀生"。

这里牵涉了人与自然界的关系。所以，要将人类整体放到自然循环系统中考量，观察人与其他自然角色之间的联系。首先，我们要知道：在自然食物链中，人处于哪个环节，扮演何种角色呢？请看图 25-1：

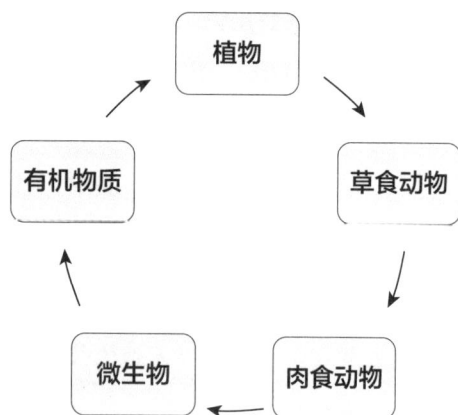

图 25-1　自然界食物链

人是动物，人处于植物和微生物之间的这两个环节中。人又是杂食动物，既食用植物、菌类，也食用动物。人处于食物链的高端，现在其他肉食动物很难会再以人为食物了。并且，人不仅是自然界的一般捕食者，人还是食物的生产者，生产出各种植物、动物和食用微生物，供自身使用。

依据人在自然界的角色定位，人类应该顺应自然，在生物伦理上确定：人可以食用植物和动物。但是，考虑到食物生产与能量转化的特点，以及食物的安全性因素，人应该选择性地去食用植物和动物。人要少食用肉食动物，特别是少食用或不食用陆地上的肉食动物。对猫与狗之类的动物，人类应该把它们视为朋友与伴侣，而不是食物。由此，人类可以确定人与各种生物之间的伦理关系，用来规范人类自身的行为，执行人类基本使命。

经上述的食物链分析，我们还可以得出其他自然与社会的伦理关系来。比如：人应该如何处理自身的遗体？人是异养生物，需要其他生物体来供养。人死后是不是也要回馈自然界，将自己的遗体回报给社会和自然界呢？结论是肯定的。

目前人类社会的丧葬方法不完全符合生物伦理。无论是用水泥或石料棺椁，还是用焚烧方法或用化学方法处理遗体，均阻滞人体回馈自然，同时还大量地消耗能源，损害了环境。所以正确的方法是在丧葬时，用可降解材料，将人的遗体埋葬于荒山与荒漠间，再植上一些生前喜欢的植物，还可以用有益的微生物对遗体进行处理，用以改善环境，真正地回报自然和人类本身。这种丧葬安置法，可以简称为"生态葬"。

上述分析和讨论表明：通过对生态体整体运行的认识，明确角色地位和功能作用，我们就可以理解并制定出符合客观法则和规律的生态社会的各种伦理关系准则。

## 二、道德

道德是人们顺应自然法则和规律，承担社会角色与分工，履行其责任要求时所应具有的正确意识与行为方式。

道德不是抽象的概念，因社会角色不同，时代不同，社会状况不同，道德的含义也会发生变化。即使在中国古代，道德也会因角色变化而不尽相同。儒家以""温、良、恭、俭、让"为儒生之五德；兵家以"智、信、仁、勇、严"为将之五德。男女各以八德为做人的标准。男子八德是：孝、悌、忠、信、礼、义、廉、耻；女子八德是：孝、顺、和、睦、慈、良、贞、静。由于社会的变迁，伦理关系的改变，这些道德标准也会变化。

现代社会也是这样，作为社会人有社会道德，作为职业人有职业道德，作为家庭成员有家庭道德，作为组织成员有组织道德。即使作为老年人，过上退休生活，也须认清其人生角色的转换，需要调整自己的行为方式，修养出"老年道德"，才能与其他人和谐相处，得以颐养天年。

所以说，道德就是要在人类社会的特定时期和特定条件下，依据客观规律，根据社会角色的责任和特征，为充当该角色的人而确定的正确角色意识、正确行为方式和行为规范。

道德既是一种对社会角色的责任和行为方式的要求，也是一种对所承当的角色的自我意识和自我督促。道德需要实践，需要身体力行地遵守，要见贤思齐，要经常地提醒，纠正，改进，并日臻完善。每个人特点不一样，践行道德的方式也不尽相同。即使同一人，也不可能时时刻刻均按一种模式行动，或者一劳永逸地被塑造成为一种道德典范。所以，人们需要不断地进行道德上的自我修养，在人生道路上自我把持和自我完善。

## 三、相互关系

伦理与道德在应用领域中有一定区别。伦理侧重社会角色间的关系准则，道德侧重社会角色中的行为准则。二者彼此交叉。由于社会是一个彼此关联的整体，很难将二者截然地分开。所以，许多人都无法真正理解伦理与道德间的相互关系。

伦理涉及局部（角色）与局部（角色）之间的关系，道德涉及局部（角色）与个体者间的关系。伦理分析需要使用生态体法则和规律。道德分析需要同时使用生物体法则和生态体法则与规律。在实践中，对伦理规范的制定应该先于对道德标准的制定。道德标准的制定要兼顾人的生物性特点。

儒家伦理道德的缺陷之一就是忽略生物体法则，对人的生物特性以及国家生物体的特征和需要关注不够。我们的主张有鉴别地继承儒家学说中合理的部分。

伦理涉及角色间关系，是一种生态体内局部与局部间的关系，比较明确和硬性，相对容易把握。在实践中，伦理关系可以通过建章立制的办法来规范，甚至可以上升到法规和法律层面去执行。例如上下级之间的职业伦理，服务员与消费者间的经济伦理，供应商与客户之间的商业伦理，债权人和债务人之间的财务伦理关系等。

道德涉及角色中各个生物体（个体人），在他们执行该角色功能（职能）时，应该具有的行为方式。并要求该行为与个人执行角色使命后达到的效果相互联系。因而道德执行起来比较软性。主要原因在于个体之间的差异性较大，个人的思想方式与行为方式均不同，规范起来难度比较大。所以，企业、社团组织和整个社会，均需要提倡特定的道德文化，需要教育员工和公民，在改善风气与氛围上，不断地付出努力。

道德修养一定要通过实践，在生活、学习和工作中去努力，不断地磨炼，自我把持和调整，力求接近与达到特定的道德标准，实现"运通"与"协衡"的效果。而不是脱离实践去冥思苦想，或者自我封闭，遁世般地去修行。

在伦理道德修养过程中，专业辅导与训练必不可少。因此而需要一定的社会组织和专业性的人员来完成该项社会使命。

## 四、伦理道德的来源

伦理道德反映了社会运行的客观状况，是客观法则与规律直接作用的结果。伦理道德既不是源自于人性的"善"与"恶"，也不是源自于某种超自然的神秘力量。它是一种复杂系统运行过程中的"物质规范"。这种客观规范不但可以被人类社会逐步认识，也可用来指导人们的行为，反作用于人类社会。

需要指出：伦理道德仅仅反映了社会运行的局部状况，即角色间与角色中的规范。它不能反映社会生态体整体运行的状况与要求。可是，在动态中，社会生态体局部关系必须要与整体运行协调起来，要成为整体运行中的一个有效的功能性组成部分，也只有在这种情况下，局部规范性的关系才具有正面价值，才可以称为善或者正确。

我们之所以强调生态正确先于政治正确的道理就在于此。因此，伦理道德不是一成不变的教条，它需要在社会变迁过程中不断地被调整。

那么，社会生态体的整体运行"规范"又是什么呢？答案就是：运行通畅与协调平衡，既"运通"与"协衡"。这就是人类基本使命阐述的内容："以地球生态体为本，致力于维护自然与社会运行的通畅与平衡。"

人类基本使命在前文的分析框架里属于精神层面，价值观属于意识层面，而伦理道德则属于思想层面，它们的作用均可放射到行为和效果层面。这是不是说伦理道德来自于精神信仰呢？可以说精神信仰与道德有直接关系，精神对伦理道德的作用不可忽视。但应该看到，精神与伦理道德的关系实质上是整体与局部、整体与个体间的关系。

道德侧重于社会公民在角色内的个体活动；伦理侧重于角色间的局

部活动；人类基本使命和基本价值观则是侧重于资源、需求与环境，以及角色间和系统间的全局性活动。个体服从角色，角色服从局部，局部服从全局。只有在社会生态体整体平衡的情况下，角色内外的关系才能应运而生和充分展开。

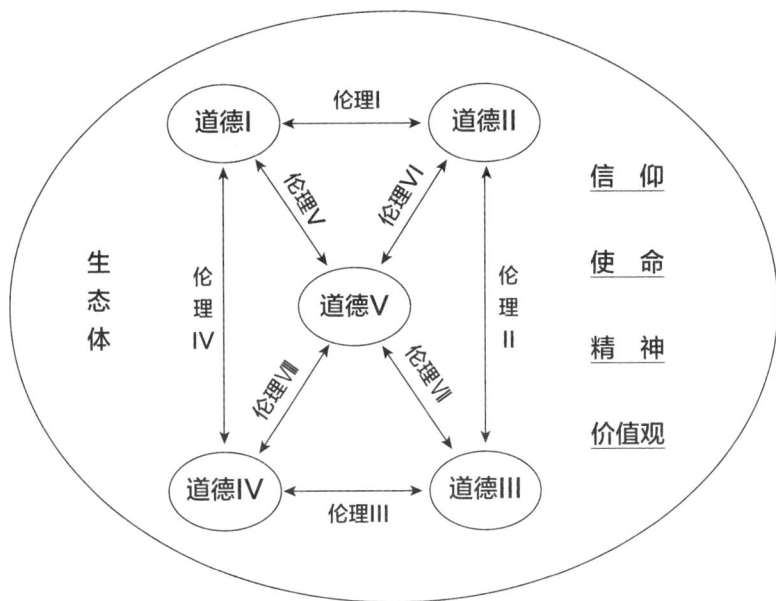

图 25-2　在生态体内,伦理道德规范着角色间和角色中的各种人与人之间的关系

如果我们把人类基本使命看成是一种信仰，那么这个信仰，既需要伦理道德这些基础规范的支持，又事实上统领着伦理道德的全面实践。

160

　　人类基本使命和基本价值观需要实现社会活动与自然环境相互协调，保证各种生态资源利用的合理性、循环性、平衡性和再生性。

　　总之，伦理与道德均来源于：（1）现实世界中的客观生态关系；（2）生态体运行的整体一致性；（3）生态体的运通和协衡要求。

# 第二十六章　生育和家庭伦理

　　人类与其他生物一样，除了维持自身生命外，主要的任务就是繁衍生息，养育下一代。生育需要通过男女结合来完成，还要通过为人父母的努力，将孩子抚养成人。

　　为了完成人类繁衍的使命，保障子女出生与成长，人们在长期实践中，倾向于建立家庭，通过家庭成员集体的努力，来共同完成生育与抚养任务。

　　养育孩子是一件很辛苦的事情。不仅需要足够的收入来维持家庭开支，还需要在日常生活中投入大量精力，去处理各种各样的家务事。仅凭一人之力往往难以胜任。所以说，家庭主要是为了繁育后代，由男女结合而成的经济体。在此基础上，进而发展出各种血缘宗亲关系，使家庭具有了一定的社会功能，被称为社会的基本单元。

　　家庭的建立从男女婚姻开始，以孩子长大成人、男女离婚或离世而结束。婚姻的标志主要是法律登记和婚姻仪式以及其他一些活动，包括拍婚纱照和蜜月旅行等。

家庭是一个利益共同体。其中主导的因素是男女双方或多方的合作关系、需要抚养的子女和家庭共同的财产。鉴于家庭内部的多重角色关系，彼此磨合起来问题很多，这就需要社会制定必要的规范，进行协调和引导。

人类在生与育的过程产生了多重角色关系：男人、女人、家庭、父亲、母亲、孩子，以及上一代或几代的父母亲人、下几代孙辈的孩子等。这些角色间的关系，需要用伦理来规范。并且，还要用道德去引导每个人的行为，恰当地履行其角色责任。

婚姻、家庭和生育领域的伦理道德建立，应该把握住几个原则：（1）保障人类的繁衍生息；（2）保障优生优育；（3）合理配置人口资源；（4）符合自然与社会生态体的运行规律；（5）重视生物体法则；（6）立足现实，展望未来。

# 一、婚配方式

目前世界的发达国家，均实行一夫一妻制。这主要是来自于基督教文化传统。据圣经故事传说：起初，耶和华神用泥土造了人类始祖亚当，又将生命之气吹入泥人的鼻孔，亚当就成为有灵魂的活人。神说：人不能单独生活好，我要为他造一个伴侣。神在亚当睡了时，就取下他的一根肋骨造了一个女人夏娃，并将夏娃带到亚当面前。[1] 于是：一男一女，一夫一妻，一生一世的婚姻是为人得虔诚的后裔。[2] 所以，当代的这种

---

1 《创世记》，第二章，《图解基督教》，第三章，台湾：华威国际事业有限公司。

2 《圣经》玛拉基篇 The Holy Bible Malachi，第2章，Zondervan出版社，1989年，美国，密歇根州。

一夫一妻婚配方式，源自于基督教的信仰。

现代美国社会单亲家庭很多。无论是白人、亚裔、非裔还是拉丁裔人，由未婚或离婚的单亲母亲或父亲抚育子女的数量很大。而且单身未婚或离婚人口数量也相当庞大。一些地区和教徒们还实行着事实上的一夫多妻制。特别是随着同性恋婚姻在各州合法化，美国社会所实行的一夫一妻婚配体制正在走向瓦解。

中国在历史上一直实行多样化婚配方式，包括一夫一妻制，一夫多妻制和一妻多夫制。这种婚配方式也浸染了儒教文化和中国其他传统文化的色彩。1912年"中华民国"建立后，虽然采纳西方宪法，却仍然保留了传统的婚配方式。直到1949年中华人民共和国成立，才正式改为一夫一妻制。

中国社会目前的状况是：适龄男女的结婚率在下降，更多的男女成不了家，但是离婚率却在上升，一些地区接近40%。单亲家庭，包括未婚生育的，以及单身人士在人口中占比更高。在未婚与离婚人口中，高学历和中高收入比例较高。从整体上看，中国社会高素质人口生育率急剧下降，而农村低收入与低学历群体的生育率却有所上升，形成了整体人口数量减少与人口退化相并存的危机。

中国数千年的历史与当代实践均说明，多样化的婚配方式，将是未来社会的发展方向。它符合个性化生产和个性化消费的总趋势。这其中，当然也应该包括了人口再生产的个性化趋势。

## 二、家庭组合

传统的婚姻家庭是男女性行为的唯一合法的场所。婚前性行为以及婚后的通奸行为均受到伦理道德谴责，甚至受到极为严厉的身体处罚。

在现代社会中，避孕技术和知识得到广泛推广，男女婚前性行为已经被社会普遍接受。男女非婚性同居也成为司空见惯的事情。因此，传统的婚姻家庭受到极大冲击。人们开始把男欢女爱、两情相悦、情投意合等性爱关系，甚至还把生儿育女等行为，与构筑家庭关系分别开来去考虑。这对传统的伦理道德观念已经构成了巨大的挑战。

传统的中国伦理"夫妻有别"至少有三方面含义：首先是男女之别，两情相悦，情投意合，生儿育女，天伦之乐；其次是分工之别，构筑家庭，各尽其责，分工合作，生活安康；再次是伴侣之别，互谅互让，理解支持，互助互利，和谐幸福。

这种分析告诉我们，家庭本质上是一个经济利益共同体。它有三个主要功能：（1）拥有被法律与社会承认的固定性伙伴；（2）在养育子女或赡养老人的过程中，共同生活的安康；（3）在共同利益基础上形成和谐幸福的伴侣关系。

当今社会，男欢女爱的性伙伴关系在婚姻家庭以外也可以拥有，仍然会被社会承认。但是，简单的性伙伴关系，其情感和状态一般不会延续太长时间。而其他两种家庭功能却不同。安康的家庭生活需要用较长时间来经营与构建；和谐幸福的伴侣关系，则需要在更长时间的磨合与适应后才会形成。所以，新时期的家庭伦理与道德，应该充分体现出家庭是利益共同体这一本质属性。把重点放到维护家庭，履行职责，追求生活安康与幸福伴侣方面上，而不是再放到男女爱情这种牧歌般的关系上。这样可以减少家庭的实际冲突，增加幸福感，降低离婚率，使社会更加和谐。

家庭伦理道德的作用是法律所无法企及的。现实生活中夫妻双方吵架，导致离婚的实例很多。如果离婚再经法庭判决，其过程更为痛苦。政府应该与各种社会组织合作，通过教育、宣传、辅导、培训、调解和处理等方式，帮助社会角色成员正确处理彼此之间的关系，维护社会的和谐稳定。

未来社会，家庭形式还会发生变化。例如，随着人口平均寿命显著延长，一种新的"家庭"开始形成。中国退休后的老人们仍有几十年美好时光可以度过。由于身边无子女，不但生活中无人照料，精神上也十分寂寞。于是，这些老人开始尝试住在一起，能够彼此照料，相互排遣惆怅，进而还考虑把多出来的房子出租或出售，用来支付共同的开支，包括集体旅游或其他花费。他们在经济上和生活上彼此不断地融合，逐渐形成实际上的利益共同体——新式家庭。这种家庭组合不以传宗接代为目的。所以，实践中可以采用多种组合方式，除了一男一女外，还可以包括众女的组合，众男的组合，或者众男众女混合型的组合。我们暂且把这种新式生活组合称为"伴侣家庭"，以示与传统的"婚配家庭"之间的区别。这些新兴的家庭模式值得我们去继续观察。

## 三、生育与家庭的伦理道德

经以上讨论，我们可以概括出以下生育、婚姻与家庭的伦理道德主张：

（1）为了人类代际相传，繁衍生息，每个育龄男女都有责任生儿育女，抚养后人。

（2）在实际生活中，应该理解每个人的生理差异，尊重个人意愿和选择权，优生优育，能者多劳。

（3）婚配形式应多样化，要有效地配置社会经济资源与人口资源。

（4）家庭伦理的要旨在于维护共同利益，在磨合中定位好各自角色，并忠实地执行好各自的角色使命（注：功能角色中各有侧重点，有其特定的权利范围，要尊重角色的权利；家庭成员要各尽本分，互相尊重，注意配合）。

（5）家庭成员的美德是尽责、宽容、善待和支持。

（6）家庭组合形式可以创新，除了传统的婚配血缘家庭外，还可以实行伴侣式家庭，以适应人类寿命延长后的社会养老需求，以及新兴科技发展的需求。

（7）对试管婴儿、克隆人以及转基因等生物技术的推广要持审慎方式，谁决策，谁抚养，谁承担后果。

# 第二十七章　经济伦理

人类社会可以区分出三个层面：经济层面、政府层面和社会层面。三者互相区隔，又互相关联与互相作用。

经济层面主要是那些以营利为主要特征的经济活动及行业和单位组成。经济活动包括社会的生产活动、商业往来、交通、运输、仓储、建筑、安装、饮食、娱乐、金融、法律、旅游、住宿、医疗、教育、文化、体育、技术、信息等。

经济层面是社会的物质基础，具有其特定的客观物质运行规律，不以人们的意志或愿望为转移。它就像人体的机体组织和五脏六腑一样，具有其自身的运行规律性，不依人的思想意识而存在，也不会受大脑的直接控制。

在人类社会中，经济层面起主导性作用，政府层面和社会层面受制于经济层面，但可以反作用于经济层面。

经济活动以功利为基本特征。经济活动需要调动人们的生物潜能，注重效率，讲究资源有效配置。因此，经济层面的活动是应该追求利益的，而且也需要去追求利益。但是，在人们追求利益过程中，必须遵守各种伦理规范和道德准则。

经济活动的基本伦理原则是：创价值，获回报。即价值回报原则。在交换领域它表现为：在为客户创造价值的基础上获得相应的回报。在生产领域它表现为：在为企业和社会创造质量（产品与服务）和效率的基础上，获得相应的报酬与回报。在要素组合领域（人力资源市场、资本市场以及采购供应市场等），基本伦理表现为：要为购方或投资人创造价值，才能获得相应的回报。

基于"价值回报"的伦理原则，从事经济活动的基本道德准则应该是：循义获利。这是对从事各种经济角色的个体人普遍适用的道德准则。这里的"义"主要是指能够创造价值的经济活动。

那么，什么是价值呢？以下我们通过各领域间的经济流转过程，来具体说明价值。进而还要说明经济伦理与经济道德关系在价值链上又是如何地被体现出来？

# 一、商品服务市场

商品服务市场提供人类生存所需要的各种物质资料和精神资料以及相关的各项服务。我们通常把这个总体发生过程称为实体经济。它的循环流转过程如图 27-1 所示：

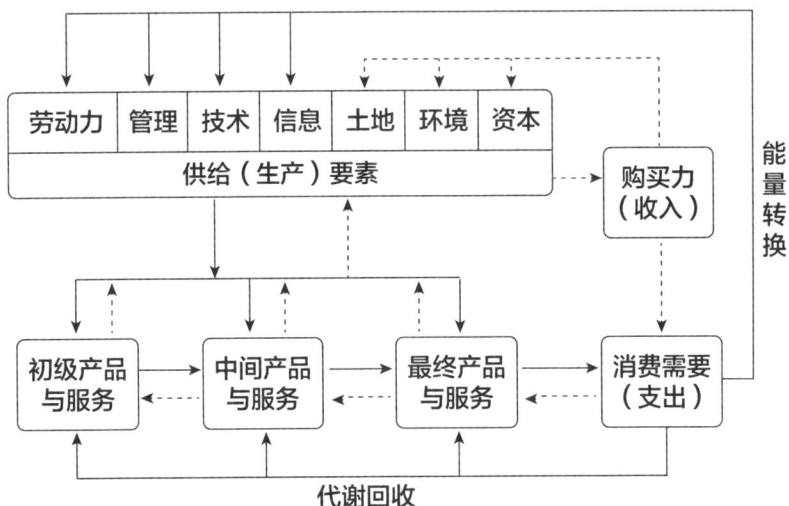

图 27-1　封闭型实体经济运行流程图，实线箭头标明资源流转方向，
虚线箭头标明交换货币流转方向

运行机制图可以看成一个流程模型图。从左上角开始的供给要素，其中包括：土地、资本、劳动力，以及管理、技术、信息和环境。土地涵盖了大部分自然资源，包括了地面和地下的各种资源。资本包括投资资本和借贷资本。资本主要代表用于再生产或再供给过程中那一部分已有的人类财富，例如工具、机器、厂房、材料和能源等。在图的左下部，由初级产品（服务）开始，形成了产品（服务）的供给链；产品（服务）经中间产品（服务）过程后进入到最终产品（服务）的供给（生产）领域；再通过与右下部分消费需求（包括需要和支付能力）实现交换，最后产品（服务）进入消费领域。消费者享受各种产品和服务后，将能量转化为劳动力、管理、技术和信息，再生成为新的供给（生产）要素，实现

生态资源的产品（服务）循环过程。如果考虑到消费代谢回收过程，即垃圾分类处理和用于再生产的过程，我们又推出了代谢性回收路线，实现再生利用的生态循环。

另外我们从图中右上角"购买力"上看，购买力将收入和其他财产净值部分，以货币形式分出一部分用于消费需要，经过消费支出进入最终产品（服务）供应领域，再流向中间产品（服务）和初级产品（服务）领域，成为各领域内供给者的销售进项收入。而这些销售收入中的一部分除了用于支付原料、材料、能源、设备和其他服务外，主要部分以对供给要素的回报方式返回到供给（生产）要素领域，成为供给（生产）要素的收入。而该类供给（生产）要素收入，则又以货币和其他财产（例如股票和期权）形式进入到"购买力（收入）"领域内。其中一部分收入以储蓄、债券等借贷资本方式，返回到资本供给要素中，一部分收入以投资方式例如股票、股权、土地、房屋、环境建设或修复等方式，返回到供给要素领域；另一部分收入再次成为消费支出，进入消费需求和产品（服务）供给领域，从而实现了生态资源的货币循环过程。两种循环有机结合起来，便构成生态资源在封闭型机制下的整体循环过程。

商品价值表现为：在整体经济运行通畅和协调平衡的条件下，供给要素经不同组合，为社会需求提供的商品与服务的产出，并且经市场交换售出后，获得的单位产品或服务销售收入。

商品价值，首先，它是供给要素组合后的产出；其次，它是按经济在整体协调平衡条件下的单位产出效率来计价核算的；最后，它是经交换售出后的货币收入。该收入是用以衡量一种为社会所认可，并且已经进入经济循环过程的物化成果。

以上的说明，也只是从生产与交换领域内，对价值形成的观察。事实上，价值的形成还应包括消费过程，以及由消费行为再转化为生产要素的过程。

所以本质上，商品价值反映了经济供给要素，在经济体中，进行循环往复式地运行与转换时的协调关系与平衡关系。换句话说，商品价值只是经济体运行中的一种平衡机制。

而商品的价值规律，则是对整个经济循环过程进行协调平衡的一个调节机制。这就是亚当·斯密所说的"看不见的手"。价值规律的调节方式如图 27 – 2 所示：

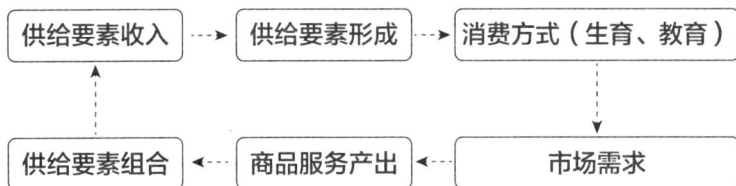

图 27-2　价值规律作用传导的循环与平衡过程,从市场需求开始

生态价值规律的作用起点、方向和程序是：市场需求决定产出（包括品种和效率）；产出决定要素组合；要素组合（包括要素的质量和数量）决定要素的收入；要素的收入决定要素的形成；而要素的形成，又在一定程度上影响或决定消费方式，以及人口的生育和教育方式；消费

方式、人口数量和质量以及收入和其他支付能力，又决定了市场需求，包括需求倾向、结构和数量；从而形成了一个循环往复的运行与发展过程，同时，在整体上推动并调节国民经济活动。

价值规律主要通过交换货币的流转，推动上述决定性作用的逐次传递。交换货币流转方向与要素与商品服务的流转方向正好相反，但是却与价值规律的作用方向一致。价值规律还要通过赢利性货币的周转，配置要素资源，调节供给与需求结构的平衡。交换货币和赢利货币是价值规律"两只看得见的手"。

整个价值链按运行通畅与协调平衡方式运转，形成了交换为消费服务；生产为交换服务；要素组合为生产服务；要素形成为要素组合服务；消费为要素形成服务这样一个循环往复的持续过程。

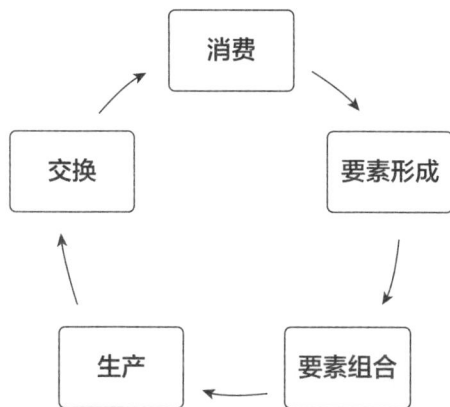

图 27-3　价值链中的各环节（角色）间的传递与服务关系

注意，上述循环中各环节（角色）的决定与被决定关系，以及服务与被服务关系，直接构成经济角色间的伦理关系：

（1）在交换领域实行："平等互利"、"等价交换"和"竞争选择"等伦理规范。

（2）在生产服务领域实行："客户至上""保质保量""安全高效""各尽职守"的道德准则。

（3）在要素组合领域实行：适用、效率、自愿、诚信等准则。

（4）在分配领域实行："先工资后利润"与"各得其所"的伦理规范。并遵循"荣辱与共"的道德准则。

（5）在消费领域实行："量入为出"、"物尽其用""维护环境"和"融入自然"的道德准则。

## 二、投资产品市场

投资产品交易活动主要是在投资产品市场上进行的。投资产品市场范围广阔，包括金融市场、房地产市场（以豪华住房和二手住宅房为主）、各种收藏品市场（艺术品、古董、名贵产品、家具、邮票、其他珍藏品等）、贵金属市场，以及期货市场等等。

从事投资产品的货币简称"赢利货币"。赢利货币是指以本金为基础，以谋取较大收益为目的，而实行交易性活动的流通介质。换言之，赢利货币是用来实现将本求利活动的载体式货币，而不是一般等价物。赢利货币执行资源配置职能，是价值规律发挥对国民经济调节作用的媒介，发挥着"看不见的手"功能的作用介质。[1]

货币的流通介质职能与货币的资源配置职能具有截然相反的特征。货币在执行流通职能时，实行"等值（价）交换原则"；而货币执行资源配置职能时，则实行"赢利回报原则"，即"钱"要"生钱"，要有一定回报。"交换货币"在流转过程中，其所有权是完全转让的。可是，执行资源调配职能的"赢利货币"在流转过程中，不但货币的所有权不转让，而且还要依据其所有权去索取本金和利息，或者依据所有权去管理和控制被投资的公司和项目，由此产生了追索和管辖的权利。当然，"赢利货币"的借贷和投资活动也要冒着一定风险，可能会出现折本的情况，所以赢利活动一般均与亏损风险并存。执行资源调配职能的货币所具有的以上的特殊属性，在各国的法律中也有相应而明确的规定。

"赢利货币"与"交换货币"，二者均产自于"购买力"这个源泉。交换货币以满足消费需求为主要目的，进入商品和服务供应市场，形成图 27-1 所示的循环流程；赢利货币则以满足对支付能力的保值和增值需要为主要目的，具有自身的流动通道和流通方式。

执行资源配置职能的赢利货币虽然在外观上与交换货币难以区分，但在运行通道和运行方式上还是很容易区别开来。见图 27-4：

---

1　金建方：《生态社会》，第二十一章，南开大学出版社，2016 年 6 月。

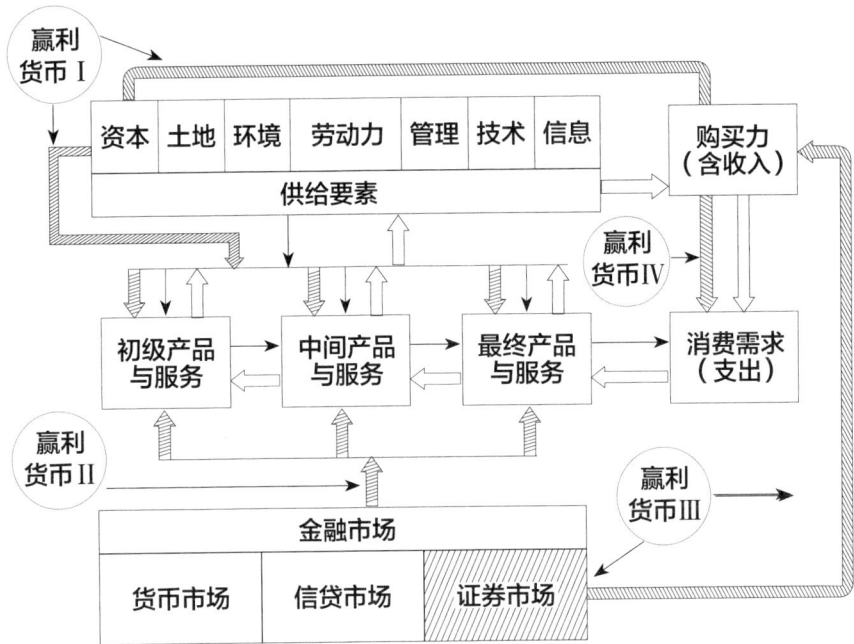

图 27-4　赢利货币的运行和存在形态

　　图中单线箭头表示供应要素和供应资源（商品和服务）的运行流向，双线空心箭头表示交换货币的运行流向，而双线斜斑马箭头表示赢利货币的运行流向和运行通道。

　　在当代，赢利货币主要用于"资本要素"的转换、"投资产品"的交易和"消费融资"的支付，由这三个部分的形态和用途组成。其中资本要素形态又可分为传统的资本要素存在形态（赢利货币Ⅰ）和经过金融市场再转化的资本要素存在形态（赢利货币Ⅱ），以及"投资产品"交易的存在形态（赢利货币Ⅲ）和"消费融资"存在形态（赢利货币 IV）。

赢利货币以保值增值为目的。它的活动也要符合价值回报原则。赢利货币 I 和 II 以资本形式，直接参与供给要素的组合过程。在它们追求利润和回避风险的过程中，执行了资源配置职能，创造了价值。所以，这两种投资行为可以直接借助市场机制来发挥它的功能。

赢利货币 I 和 II（资本要素形态）的运行伦理是：为投资人谋取尽可能高的价值回报，同时还要规避风险。

赢利货币 III（投资产品交易）只是在交易者之间换手，并没有直接进入价值创造过程中。但其交易的对象是能够保值增值的。对赢利货币 III 要严格监督与控制，对交易的产品（标的物）、交易行为、交易规则和交易过程都要严加控制，严防各种风险。在制定投资交易规则时，监管当局应该把握住两个基本的原则：（1）限投机，放投资；（2）限大户，放散户。证券市场的运营功能应以投资为主，投机为辅。其中又要以规范大户（持有众多股票的投资人）和券商的行为为主，尽力保障散户的基本权益。

赢利货币 III 的运行伦理是：维护市场的均衡，在投资收益的基础上配置各种资源。

在实践中，许多人，包括政府官员和经济学家们，均把证券市场看成是为给企业直接融资的场所。这样，他们就会不可避免地去炒作市场，助长投机风气。最终，还是会搬起石头砸了自己的脚。赢利货币 III（投资产品交易）的基本伦理应该是"资源配置"。

赢利货币 IV 是指用于"消费融资"的赢利货币。消费融资就是借钱消费，用将来的收入还本付息。赢利货币 IV 能够相对地去平衡供给资源的变化，在调配消费资源的同时，也调配了供给资源，达成经济发展在总量上和结构上的双平衡。但是，要注意，赢利货币 IV 并没有直接参与价值创造过程中。所以那个借钱消费的人必须有合理而又正常的收入。换句话说，借取消费融资的人要是一个参与到价值创造过程中的劳动者，而不是一个仅拿房地产和信用做抵押的人。

因此，赢利货币 IV 的运行伦理是：消费融资的贷款人必须参与价值创造活动，有正当收入。

投资市场涵盖面十分广泛。对投资人、中介机构、各种其他服务机构的职业操守要求，以及行业规范很多。这里就不再更多地涉及了。

注意：在投资市场上，因赢利货币的形态不同，角色不同，发挥的作用不同，赢利货币的运行原理也不尽相同。但是，在价值回报这一基本经济伦理原则上，它们是完全统一的。 这四种赢利货币，加上交换货币，就像人的手掌，一面是拇指，另一面是其他手指，相辅相成。交换货币像拇指，与其他赢利货币的手指合起来，可以发挥各种功效。

概括起来讲：交换货币主要职能是流通介质，保障经济体的运转畅通，它能使商品生产、交换、分配和消费等活动实现转换，带动经济体运行；赢利货币主要职能是资源配置，它能使资源在不同领域和部门合理配置，保障经济体运行的协调与平衡。

价值规律是通过交换货币和赢利货币这两个介质来发挥作用，使社会经济在总体上不偏离平衡状态。因此，践行价值回报伦理，就是维护经济体运行的平衡。这就是经济活动的"义"。从事经济活动的人，应该循义获利。

## 三、相关讨论

### 1．经济伦理的基准

经济活动以功利为特征。在自然经济条件下，人们劳作只是满足自身和家庭的需要。自利就是它的伦理基准。

在社会化过程中，形成了市场，产生了交换。在商品经济条件下，劳动已经成为社会行为。每个人主观为自己牟利，客观却在为他人服务。人们在追求自身利益过程中，创造了财富，满足了他人的需求。所以，在社会化生产和交换的条件下，社会利益开始成为经济伦理的基础。可是，仅用"利他""为社会""为人民"这些抽象的概念来说明当代经济伦理基准是不够的，必须要有更为明确的定义。

思想界对经济伦理基准有不同说法，包括：社会福祉（人民幸福）、社会财富（物质文化需要）、经济增长（社会发展与进步）、社会公平（共同富裕），以及效率、利他等。以上基准比较具体，多数都可以指标化。例如增长率、人均GDP、人均收入、基尼系数、劳动生产率、社会幸福指标等等。社会福祉也可以通过社会福利等予以表述和计算。当前，生态资源与环境指标也开始纳入这个基准范围内讨论。这些基准的提出，从不同方面反映了社会关切。其中一些还成为国家经济政策的目标和方向。

但是，要注意：以上基准并不能反映经济长期发展过程中的动态平衡关系。这就像一个人一样，总不能把增加体重作为自己的长期目标。人太胖了就需要减肥。生活太舒服了，健康状态也会下降。人们只有维持饮食、生活、锻炼、社交和工作等各方面的平衡，才会拥有一个健康的体魄。

衡量经济发展的合理性也一样，在较长时期内，不能总是把财富增长和社会福祉设定成发展经济的主要目的，还应同时注重财富的分配、人类健康、资源合理利用以及环境保护等等各种相关因素。所以，一个健全的社会，也不可能把经济增长作为经济伦理的基准。

价值回报原则综合了劳动、技术、管理、信息、土地（资源）、环境和资本完整的供给要素，以及要素转换和运行的全过程，协调社会经济关系，保证运行通畅，维护整体平衡。同时，它还说明了经济伦理的社会化功利特征。因此，价值回报原则可以作为经济伦理的长期基准。

人类社会的经济伦理与道德，应该是客观经济关系在人们思想观念上的直接反映。

## 2. 社会公平

社会公平体现在众多方面，包括机会公平、过程公平、竞争公平、评价公平、裁判公平，以及分配公平。这些公平彼此是关联的。例如，机会与竞争的公平，往往会导致分配上的相对公平。

在工业化社会中，生产决定交换和消费，同时还决定分配。产业资本在其中发挥主导性的作用。所以那个时代，人们憧憬生产资料公有制，希望剥夺资本的权力，让劳动者联合起来，实现按劳分配的理想。

如今，人类已经进入后工业化时代，生产方式发生重大变化。以工厂利润为核心，追求规模效益的传统工业社会生产方式，正在让位给以消费者和客户为核心，按需求和订单生产的新型生态社会生产方式。

在新时代中，产业资本已经丧失主导性的地位。企业回到创业团队、管理团队与骨干员工手中，并在分配中实行着"先工资、后利润"的分配原则。一旦员工队伍发生重大变化，经营受到冲击，吃亏的一定是资本。因此，生产资料公有制，已经不再是社会公平的题中之意了。反倒是那些国有公司（全民所有制），凭借其垄断地位和特许的经营权力，资本的管理人还会有相当的决定权。一旦去除垄断，放开行业竞争，员工在企业中的主导性作用就会立刻体现出来。

所以在新时代，资本的赢利特征已经不再是社会分配不公的替罪羊了。目前社会分配不公，主要是由工业社会的市场体制造成的。

市场的基本属性是"自主决定"与"竞争选择"。在工业社会中，市场上各类企业，大、中、小型企业混杂在一起，没有区隔与划分，实行着丛林法则。弱肉强食，自生自灭。所以，在资本主义工业社会，自由竞争的市场很快地变成寡头市场或垄断市场。"自主决定"变成"被迫决定"；"竞争选择"变成"寡头选择"或"垄断选择"。这导致市场失去活力，资源配置被扭曲，社会财富分配严重地贫富两极分化，就像人的机体组织和器官形成肿瘤或癌症一样。它已经成为现代社会中，无

论是发达国家，还是发展中国家的通病。当今世界资本主义原始丛林式
的市场，正在引发一波又一波的经济危机与社会危机。

　　生态社会的市场应该是一个有机的和完整的复杂生态体。在各类经
济系统中，按生产供应流程，形成了众多的功能性市场。每个局部市场
均在经济体中发挥各自的角色作用，这就像人体生态体中，存在着众多
的机体器官组织一样。政府可以运用对称性竞争选择原理，有针对性地
构建起一个有机的与完整的市场经济体系。保持市场的自主性、竞争性
与活力，避免寡头垄断与贫富两极分化。

　　在生态社会中，社会公平问题会随着体制的变更而被逐步解决。

# 第二十八章　社会伦理

社会领域的伦理适用于人类活动的社会层面。

社会层面包括以公共服务为特征的那些非营利性的社团组织，诸如社会团体、政党、工会、商会、协会、教育机构、医疗机构、文化机构、体育机构、学术组织、宗教组织、慈善组织、自治组织等；还包括居民个人、群体及其整体（人民）的行为，包括风俗、习惯、价值观念等。社会层面就像人的细胞集合整体，并由此而形成个人行为方式、生活习惯、工作作风、思维方式、道德意识、价值观念、性格、态度、意志力、信仰和世界观等。社会层面在集合行动中，在社会整体运行中发挥应有的作用。

社会层面既受制于经济，又受制于政府。这就像人的行为方式，既源自于自身的生理特征和本能，又源自于大脑的思考和理智控制。

社会活动以公益和贡献作为行为导向，要求人们适应各种社会规范，讲究伦理道德，服从集体利益和需要，形成整体合力，为社会和他人做贡献。尽管一些人在为社会服务时，须获得一定报酬。

所以，社会活动的基本伦理规范就是：奉行公益，并协调平衡好各方关系。

可是在实践中，人们往往混淆了经济活动"功利性质"与社会活动"公益性质"之间的区别，从而引发诸多问题。中国在1956年至1978年间，试图用管理社会的办法去管理经济，动用行政和政治力量，动员群众，大干快上，多快好省地建设社会主义。结果呢？整个国民经济蒙受重大损失。中国自1978年后实行经济体制改革，以经济建设为中心，注重发挥市场功能，社会经济发展很快。但在这期间，也出现把管理经济的办法简单地运用到管理社会事务领域中的倾向，使得公共服务事业中也出现了交易。人们交往间唯利是图，严重败坏了社会风气。出现了利用对公共资源的占有和使用权利，大肆收取各种"费用"，灰色收入泛滥，腐败蔓延的问题，引发民怨。所以，理解经济活动和社会活动的区别，使用不同的伦理规范，具有很大的实践意义。

作为社会角色，应该保持其角色伦理的公益性质。例如：医生以治病救人为职业伦理；教师以教书育人为职业伦理；学生要秉持尊师受教的行为伦理，等等。

个人是社会生态体的细胞，是最基本的社会单元。社会个人应该包括公民、居民和来访者。个人首先是一个生物人，同时又是个社会人。生物人受生物法则的支配；社会人还要受社会法则的支配。社会需要各种规则来协调好各方面关系，使之凝聚成为一个整体。

社会规则首先就是伦理道德，此外，还包括法律法规以及其他社会关系规则。伦理道德的作用在于协调个人与个人、个人与社团、个人与社会、个人与自然以及社团与社团、社团与社会和自然、社会与自然之间的关系等。

社会的伦理道德涉及面非常广，包括各种各样社会角色间的伦理与道德。本章讨论仅聚焦于特定范围，只是针对个人的处世思想与行事行为，进行伦理道德规范方面的说明。这些伦理道德，适用于有机整体式的社会，而不是群体依附式的社会。

社会人应该遵循"义"和"信"两项社会基本伦理规范，同时还要具备"爱""恕""礼""智""勇"五种道德，总称是"二伦五德"。具体解释如下：

# 一、社会伦理

社会伦理主要有两项，简称"二伦"。"二伦"是"义"和"信"。

## 1. 义

义系指：道义、公义、正义、义务（责任）。

道义是社会角色间和角色中的正常规范。例如，工作中的上下级关系有明确的工作规范。如果在其中加入私人间的亲密关系或利益成分，在工作中去徇私情，甚至贪赃枉法，便偏离正常工作关系规范，因而就会失去了道义，从而违背了职业伦理。社会角色间交往要有规矩。角色中人与人之间的行为方式也要有规矩，例如社团成员之间的竞争与竞赛关系，等等。如果没立好规矩或者不按规矩办，均会产生一定混乱，甚至还会出大问题。所以，遵循道义是社会人之间既基本而又普遍的行为规范。

公义是不同层次社会生态体（社区、社团、国家、社会）或自然生态体中的平衡点，是大局或整体利益。个人在社会生态体中既充当特定的角色，承担角色使命，同时也承担该社会生态体成员的基本使命。秉承公义办事，就是执公义。

正义系指顺应客观规律和法则的事物、行为与思想观点。这里可以特指符合社会生态体和地球生态体运行规律的思想、观点、行为及发生的事物。例如，顺应社会（生态体）法则和规律而行，就是正义；不符合社会法则，逆历史规律的行为，就是非正义。

义务和责任就是社会人应该履行的社会责任与角色责任。例如，遵纪守法是公民的义务；邻里相助是居民的责任。

"义"作为一般人的伦理规范，就是要求每个社会人，都要遵循道义，秉持公义，主张正义，履行义务和责任。

## 2. 信

信系指：诚信、守诺、信用与信任。

诚信是指言行相符，表里如一，诚实无欺，具有人格的完整性。

守诺是指一旦许诺，便要信守承诺。

信用是诚信和守诺的社会信誉、记录和公众评价。

信任是对他人品德和行为的认可，同时也构成了一种人际现象和人际间的关系模式。

"信"作为社会人的基本伦理规范，是为人处世的基础。人无信不立。而人类社会，也只有在互信互动的可靠机制中，才会真正地结为一个整体。

"义"与"信"作为伦理，均是社会角色的关系规范，都是需要认真执行的，它们往往还具有社会体制意义上的约束性。例如，违背了契约承诺，失了信，要受到法律惩罚；如果信用差了，便会贷不了款；贪赃枉法有可能会进监狱，等等。

## 二、社会道德

社会道德共五项，简称"五德"。"五德"是爱、恕、礼、智、勇。

### 1. 爱

爱系指：敬尊自爱，推己爱人，热爱生活，热爱自然。

敬尊自爱。敬尊就是心中要有敬畏之心，要尊奉地球生态体和社会生态体，要按他们的法则去行为。自爱就是要爱惜生命。每个人都必须明白，自己的大脑是受整个身体的活体器官组织和活细胞的委托，从事保护它们安全，维护它们生命，负有健康地运行人体生态的重责。不要自残自虐，不要相信什么末世论或者来生说，而罔顾了生命。除非是执行义不容辞的使命。敬尊自爱是一个全方位生态体的完整意识。它是信仰、信念与自我意识的有机统一，是"天人合一"的一种方式。

推己爱人，不仅要做到：己所不欲，勿施于人；而且，还要做到：

己之所爱，施爱于人。自己喜欢别人怎样对待你，你就怎样对待人。每个人都感受更好的待人方式，也同样都试图用更好的方法去待人。社会在相互施爱的过程中，实现了共爱和博爱。

热爱人生。生命是一个运动中的持续过程。每个人要珍惜生命中的时时刻刻，重要的就是热爱人生。要以健康的心态，欣赏自己周边的一切，从中发现美好的东西，感受生活的乐趣。简单朴素可以使心境平和。奢侈豪华容易使心情迷乱。积极入世是需要有美好理想的，并且还需要不懈地努力。但在同时，还是要去享受生活带来的一切，而不是在痴心幻想那些不该属于自己，也无法属于自己的东西。

热爱自然。要知道生命源于自然，人类也来自于自然界。大自然更是我们每个人生命的回归之处。热爱自然，不仅要去享受自然施与我们的一切，而且还要去保护自然。要尊敬他人分享自然的平等权利；要爱护生物，珍惜资源，保护环境，要为子孙们留下宝贵的生态遗产；要努力建设生态家园，共同经营好地球生态体——我们的人间天堂。

## 2. 恕

恕系指：处世坦然，心广致远，宽容挫败，奉公积善。

处世坦然，心境平和，方能把握生命真谛——协调平衡。每个人都有自身特点，有优点，也有缺点，应扬长避短，走自己的路，不必争一日长短。经历和体验是人生唯一能带走的财富。困难会磨炼意志，挫折能改变心智。厚积而薄发，日久必有所获。

心广致远，可以把握住人生正确轨道，保有宽和胸怀和宁静心绪。

有了长远的志向与规划，就不会为眼前的纷扰所苦恼。故能小处忍让，抑制愤怒，宽以待人，顾全大局，真正地践行恕道。

宽容挫败，才能走向成功。每个人都会犯错误，有失败。接受了教训，纠正即可。不必过多地责备或自责。这样才能越挫越勇，最终走向成功。

奉公积善，要奉行公益，积累善行，维系团结。这样，才能壮大力量，获取更多更大的成功，进而才能维持社会整体运行的协调与平衡。所以，知恩图报，助人为乐，取长补短，闻过则喜，虚心求教，注重配合，均是优良的道德品质。

## 3. 礼

礼系指：礼貌待人，遵守规则，守位尽责，秉公办事。

礼貌待人，既是修养也是美德。只有懂得尊重人，才能得到别人的尊重。

遵守规则，是起码的公民意识和作为社会人的道德准则。无论是在公共场合，在职场，在家庭或者是独处，都应自我约束，注意按规则办事和行为。

守位尽责，就是要恪守自己在特定场合下承担的角色、身份和位置，不要混淆角色位置。即使你是领导，乘车时你就是一个乘客或助手，不要试图充当司机。明确定位后，就要尽责守礼。

秉公办事，是守礼的重要原则。这样做可能有人不满意，但最终会赢得人们的尊重。

## 4. 智

智系指：调查研究，正确决策，把握机遇，能进能退。

调查研究，是实施正确决策的首要方法。经验与知识对决策固然重要，但也容易误导决策。因为情况不尽相同，形势总在变化。调查是指通过各种途径，运用各种方法，有目的地了解事物真实情况。研究则是指对调查材料、各种信息和相关知识进行思维加工，以获得对该事物实质和规律的认识。调查要尽可能客观和全面，把握住动态与差异状况。研究不仅仅是分析与综合，还要从系统与关联关系中把握实质和关键。

正确决策，对人生影响很大。累积性的正确决策与重大性的正确决策，均可以改变人生轨迹。正确决策基于对实际情况的调查研究，基于对客观事实和正确的判断。仅凭一般性观念和愿望来决策是不够的。一定要实事求是，并兼顾全面与长远。

把握机遇。人生成功除了具备必要条件外，很重要的就是把握机遇。机会到了就要抓住，如有必要，可以当仁不让或当事不让。机会没到，则要有耐心，不必贸然行动。

能进能退，既要争取最好的结果，也要考虑最坏情况出现。事先制定防范措施，找好退路，减少损失。能进能退，能伸能屈，均是智慧。

智慧并不是用 IQ 或用知识来衡量的，它是通过应用方法，通过决策效果以及对机遇的把握来显示的。只要肯学习，下功夫，每个人都可以拥有智慧。所以，智慧也是一种品德，需要通过后天的培养与训练来获得，而不单纯是那种与生俱来的能力。

190

## 5. 勇

勇系指：勇于任事，砥砺奋进，勇于纠偏，坚持不懈。

勇于任事，是成功的必要条件。不仅敢作敢为，更主要的是身心投入。有了正确决策还不够，仍需要全力以赴才能成功。

砥砺奋进，就是要砥砺心志，克服内在惰性，排除外在困难，奋发开拓，不断推进。

勇于纠偏，是走向成功的过程之一。道路不是平直的，会有坎坷和曲折。错误总难免，方法需调整，只有勇于纠偏，才会最终抵达成功的彼岸。

坚持不懈。当你看准方向，抓住机遇，找到途径，具备条件，那么通向成功的方法就是坚持。坚忍不拔的毅力是成功者的基本素质。

以上我们讨论了"二伦五德"。二伦五德的内容涵盖面广。其中，二伦是硬性指标，五德是软性指标。因为伦理是社会角色间的规范；道德是社会角色中每个人的行为标准。在实践中，因个人特点不同，实现道德的方式也不一样，最终效果也会不同。

具备良好伦理道德意识的人，将会是一个合格的社会人，一个成功的社会人，一个幸福的社会人。每个人都需要通过学习、培训和实践，具备社会伦理和道德。

人类的使命 | Humanity's Mission

# 第二十九章　政府伦理

　　政府层面是人类社会的一个有机组成部分。它包括议会、行政、司法、监察、警察、军队、外交机构、环境保护和各级政府组织等。政府是社会的公权力，凌驾于其他社会组织之上，可以调动各种社会资源，负责社会的整体生存和安全。政府就像人的大脑和神经系统一样，有自身完整的系统体系，从特定层面上，以特定方式，发挥特定的作用。

　　政府层面与社会层面一样，其基本的伦理规范与行为导向就是公益。

　　政府作为一个完整系统，具有特定的社会角色功能，因此还形成了政府与社会其他层面和部分之间的特定伦理规范。概括起来讲，主要是"超然"、"公正"和"开放"三个伦理规范，简称为"政府三伦"。此外，充当政府公务人员也应遵守基本的道德准绳。它们是："廉洁"、"进取"和"良知"，简称为"政府三德"。

192

# 一、政府三伦（伦理）

## 1. 超然

政府伦理的第一项就是"超然"。政府应该超然于各种利益阶层、各族群、各社会组织及宗教，要代表全体社会成员的共同利益。政府不能代表特殊利益团体去执政，不能被权贵、财阀和宗教势力所左右，不能用公共资源与这些利益团体去交换。任何一届政府均需要一些基本社会群体的支持才能够执政。这并不意味着执政者要处处维护自身支持者的利益，而与其他利益群体相对抗。当执政人遵循客观规律，从全局考虑，协调好各方关系，真正代表全体人民的共同利益去执政，并取得卓越的业绩，其支持者的利益反而能充分体现出来，进而获得极大回报。超然是政府合理执政的特定伦理之一。不能摆脱狭隘利益格局的政府，往往事与愿违，难以有大的作为。

## 2. 公正

政府伦理的第二项就是"公正"。公正是政府维护自身尊严和权威的要件。顺应规律，维护法制，不偏不倚，奖罚分明，才有可能令行禁止，有效地执政。公正不仅仅是一种自我认知和自我要求，而且是一种符合客观法则和规律的自觉作为。生态体法则告诉我们，只有相互依存，相互制约，予以限定，在合理秩序的基础上，才能体现出公正。

现行政府部门大多拥有制定政策和法规的权力，同时还拥有执行权和监督权。以中国的国家发展改革委员会为例，它可以定一个项目审批的政策"规定"，然后就自己来"审批"，还得由它自己去"监督"。这就像篮球运动员自己去定规矩，自己上场打比赛，自己当裁判一样，怎样能够"公正"行事呢？所以，在政府体制的设计时，就要将政策制定，行政执行和监察三者区隔开来。另外，政府的业务流程也要合理。例如监察权的行使，要区隔出调查、审计、反贪、检察等监察流程中的不同机构，明确各自的角色，在程序或流程合理的基础上体现出"公正"，而不是凭个人好恶去办案。

政府一定要顺应时代，合乎民意，要去保护自由竞争和平等竞争，要依据生态体规律调整好社会各方面的关系，在维护社会公平的基础上，真正地践行公正伦理。

### 3. 开放

政府伦理的第三项就是"开放"。开放是政府合理施政，正确施政，维护自身机制健康运行的基本保障。开放伦理要求政府必须在思想上开放，人员上开放，组织系统上开放。

（1）思想开放：政府需要有自身的宗旨和统一的理念，但同时又需要实事求是地施政，以实践来检验认知结果，不能思想僵化。政府必须开放思想，吸收一切先进的思想，与时俱进。历史已经证明，无论是实行现实主义的美国，还是奉行实事求是的中国，他们的经济均很繁荣，社会发展速度也快。另外，现代智库体系的建立与完善，对保障政府思想开放也有积极意义。

（2）人员开放：政府要在人员进出和流动上开放，防止利益固化，进而形成官僚权贵阶层。中国历史上明朝最初建立时，开国功臣们受封领赏，骄兵悍将作威作福，滋生腐败，造成权贵们把持朝政的状况。那时的当政者不得不开科举，从平民中选拔人才，形成人才的流动。历史证明，仅靠建立文官体制这一项也不够。中国明朝和清朝虽然都建立科举制度，产生一定效果，也无法从根本上阻止权力的腐败。苏联实行文官制，知识人才担任各级领导，但还是形成官僚特权阶层，导致体制僵化，经济停滞，最终政体崩溃。中国改革开放后选拔了一大批知识分子进入领导岗位，替代了工农干部，取得很大成就。后来又建立公务员招考和逐级选拔体制，此外还将社会优秀人才，通过一定机制选拔进入政府，为公共事业服务。同时，政府人才也可以流出，形成人才对流的开放体制。

（3）组织系统开放：政府不能大包大揽，应该精简机构和精减人员，把大量的职能外包出去，利用非政府机构、第三方公正机构或单位、社团组织以及企业等相互竞争的机制，共同做好公共服务事业。

思想开放、人才开放和组织系统开放，是政府运行的一个重要准则。

## 二、政府三德（道德）

### 1. 廉洁

政府公务人员应遵循的第一项道德就是"廉洁"。廉洁就是不贪取不义之财，立身清白。主要指政府工作人员在履行其职能时不徇私情，不以权谋私，办事光明磊落，做人清白的行为准则。

对于公权力执行人，需要有比普通社会人更高的道德标准。因而廉洁含义往往还可推而广之，进一步表现为尚俭戒奢、艰苦朴素、勤俭节约等。

中国古代有个以不贪为宝的故事。春秋时期（公元前 540 年），宋国的卿大夫乐喜，字子罕，官任司城（主管建筑工程，制造车服器械，监督手工业奴隶），又称司城子罕。有一次，宋国有人获得了一块美玉，出于对乐喜的尊敬，拿来献给乐喜。乐喜谢而不受。献玉者以为乐喜不相信是宝玉，便说："已请治玉的行家做过鉴定，确是稀世美玉。"乐喜淡然一笑说："我以不贪婪的品行为宝，你是以美玉为宝。我若接受了你的宝玉，咱们双方就都失去了最可宝贵的东西。"[1]

## 2. 进取

政府公务人员应遵循的第二项道德就是"进取"。进取是指：努力上进，力图有所作为。古今中外的官场弊习就是效率低下，敷衍塞责。俗称磨洋工，踢皮球。所以，官员们的美德之一就是要有进取心，要有积极向上的工作热情。

政府要进取，有活力和效率，不能不作为，也不能乱作为。政府应该有好的导向，以此带动其活力与效率，要有好的机制去激发他的活力，包括任期与合同期，也要有人民的推动，自下而上地推进政府工作，提高工作效率。进取准则要求政府的体制设计既要考虑自上而下的政令贯通和组织拉动力，也要考虑横向竞争机制，还要考虑与群众对接，为群众服务的推动力。生物体的需求法则、活力法则、竞争法则、适应法则

---

1　左丘明：《左传》，中华书局 1977 年版。

196

以及遗传变异法则，均会在其中发挥积极作用。

### 3. 良知

政府公务人员应遵循的第三项道德就是"良知"。良知是基于公众常识和内心本能，对善与恶或者是与非的一种判断能力。良知是掌握公权力的人一个极重要的品德。如果官员不分是非曲直，随波逐流，甚至是非颠倒，屈从恶势力，则会引发社会动乱。

中国自古以来就把羞耻作为支撑国家政体的四个纲要之一。有知耻之心，就不会盲从恶势力，坏了国家纲要和法度。这里，羞耻之心主要的含义是指良知。有了羞耻之心，可以不从恶，不从非，保证官员们的道德不堕落到一般社会人之下。但是，羞耻并不能要求官员们应该去从善如流。而良知则具有积极效用，它可以使官员群体在保有道德底线的同时，还具有扬善抑恶的道德感召力和推动力。

以上对政府三个伦理与三个道德的说明，既是对政府如何以公益作为其行为导向的进一步表述，也是对一般政府机构运行规范及其工作人员行为准则的笼统性表述。

实践中，还需要根据治理需要和管理流程，根据机构与岗位设置情况，确定角色功能，明确更为具体的职业伦理和职业道德，以角色使命为价值观导向，依据更为明晰的职业伦理道德去行为。

# 伦理道德篇小结

伦理道德来源于自然界和人类社会，来源于现实运行中的生态系统关系。伦理体现了系统流程中不同角色之间的关系，也包括不同社会层面与不同系统间角色的相互关系。道德是这些角色中个人行为的准绳。

自然万物是一个整体。人与自然和谐统一。人须臾不能离开自然。尊重并顺应客观规律，人类社会就会生存发展。逆客观规律而动，破坏自然与社会的整体和谐，就会衰亡和被终结。

今天，人类站在历史新起点，被地球生态体赋予新的使命——致力于维护自然与社会运行的通畅与平衡。人类是智能大爆炸时代新使命的执行者，而不再是所谓的"万物之灵"或"地球生物的统治者"。

秉持人类基本使命，我们就会明确人与人工智能的伦理，人与生物技术的伦理，人与人为生态的伦理。人类过去，现在和将来，均不是宇宙的中心，也不是地球生态体的中心。即使地球生态体从一般生态体进化成生物生态体，有了主体意识后，人类仍然是地球生态的一个有机组成部分。

人类要常怀敬畏之心，明确自身定位，在整体世界运行中发挥应有的角色功能，忠实地履行自然界赋予人类的使命。

# 一·明伦篇·一

明伦就是明辨伦理规范。它是修身的一个重要步骤。

修身的主要内容是：明辨伦理规范（明伦），修习道德操守（修德），裨益个人行为（益行）和养护身心健康（养生）。

修身（Cultivation & Regimen）是个人融入人类社会，顺应客观规律，获取人生成功，生活幸福美满的基础。中国古人认为修身是做人之本，立本不牢的，就不必讲究枝节的繁盛。

修身也是促成社会稳定的一个重要方法。一个社会的公民如果普遍地遵循伦理，道德高尚，行为规范，健康通达，则可以使社会运行秩序井然，人心向上，促进发展。所以，修身养性不仅是一种个体人的行为基础，在很大程度上，它也成为社会稳定的基础。

中国社会经常讨论，认为：一旦形成一个以中产阶层为主体的社会形态，像枣核一样，两边小，中间大，社会就会进入稳定时期。这是从经济收入上看。如果从社会自身看，一旦通过全社会的努力，在修身方面取得极大进展，并同时形成了慈善济贫的机制，社会也可以进入一个稳定发展期。这种建立在信仰、自觉与自律基础上的稳定，较经济收入的稳定，更能经得起时间的考验。

修身第一步骤是要明辨伦理关系。本篇重点讨论社会伦理。另外，也附带讨论一下经济伦理的明辨问题。

社会伦理从人的出生到离世，天天都要接触到。其他伦理规范都与社会伦理息息相关，包括家庭伦理、经济伦理、政府伦理等。本篇以社会伦理为重点，进一步解释，应如何明辨伦理规范关系。

# 第三十章  明辨伦理义的规范

义的内容包括：道义、公义、正义和义务四个方面。其中首要的就是道义。

## 一、明辨道义规范

道义是社会角色间相互关系的正确规范。社会角色关系很复杂。它包括社会团体组织中不同职位之间的关系，社会交往中的横向间的关系，家庭成员间的关系，以及政府与公民之间的关系，等等。严格地遵守道义，则会保证社会关系处于一个合理规范的状态，避免产生各种摩擦和冲突。

道义在社会伦理中的重要性，主要在于它把生态体运行时的内在关联关系揭示出来，使之更为明确，更为具体，更有可操作性。任何社会生态体，不管它是公司、社团还是家庭，都会有主要流程以及辅助性的和管理性的流程，并在此基础上形成功能角色。角色在流程运行中发挥各自作用，保证运行的流畅与平衡。道义就是这些角色之间，相互关联关系的规范。

例如一个家庭，其主要流程就是：

---

男女结婚→生育孩子→抚养教育孩子→孩子长大离家→老伴侣自行
生活→相继离世

---

为了保证这个流程以多重循环方式得以实现，就需要辅助性与管理
性的流程。例如：财务流程（资金收入和开支）、物料流程（食物与日
用品的采购、使用和处理）、固定资产流程（房屋购置、租赁、维护、
清洁和转让）、耐用消费品流程（汽车、家电、通信设备的采购、使用、
保养、更换）等。然后还要在流程上进行角色分工，比如孩子的抚养与
教育。如果一个家庭只有夫妻二人，那么以上各个流程中的不同角色，
就得由夫妻二人分别担任，从而形成了现代家庭伦理关系。

传统社会中，家庭伦理比较清晰。男主外，女主内，夫唱妇随。现
代家庭伦理关系就开始复杂了。由于男女平等，双方都挣钱，也都做家
务，所以变得没有固定模式。要根据男女各自特点、能力和兴趣，多样
化地选择分工模式，从实践中逐渐地建立默契的合作关系，最终再磨合
出一套伦理规范。当然，也可以在专业人士指导下，由夫妻双方先主动
确立一套分工办法，制定好个性化的家庭伦理规范，大家共同遵循这些
规范，并在实践中进行调整。

道义伦理具有很大的优越性。如果充当社会角色的个人受过良好的

伦理道德训练，制定出适宜的道义规范，知道怎样遵循道义，把持住自己，尊重对方在充当该角色过程中的权利，就可以少发生摩擦，不发生冲突，从而会使关系和睦，运行顺畅。反之就会发生经常性冲突，运行效率低下，最终导致失败解体。例如，夫妻双方为如何教育孩子意见不一致，而发生经常性的争吵，以致离婚。这些都是因为没有按伦理规范行事，或者是违背了道义原则而引发的冲突。

法律对调节社会生态运行的作用有限。且许多情况下法律作用滞后，副作用很大。例如一个家庭，因为没有形成好的伦理规范，导致恩爱夫妻反目，再通过法庭判决离婚。不仅夫妻双方损失大，造成长期的心理损害，对社会而言成本也很高。再例如，美国非洲裔的单身人口率、失业率和犯罪率均较其他族裔高。美国监狱人满为患，出狱后的再犯罪率高，社会成本非常大。如果我们能够把社会资金，更多地运用到伦理规范辅导和道德教育训练方面，而不是单纯地放在法律惩处上，其回报要大得多。还可以因此带动大规模的新型就业，促进社会经济发展。

总之，道义是生态体的构成法则和运行法则（包括角色法则和循环法则）的作用结果，也反映了生态体平衡规律发生作用的过程和方式。

## 二、明辨公义、正义和义务

### 1. 公义

公义，顾名思义，是从大局着眼，代表了不同层次生态体（社区、社团、国家、社会，自然界）的整体利益，或均衡利益。秉承公义办事，就是执公义。

公义是建立在道义基础上的整体性调节，是在生态体局部（组分）发生变化时的一种协调与再平衡的具体方式。例如一个社区，按以往的角色规范（道义）运行时，发生一些变化或新问题，一部分居民依据新变化，提出特定要求，且与其他居民发生摩擦。这时就需要有人出来秉持公义，把冲突平息，在新的基础上实现再平衡，并达成新规范。实际上，实行公义协调后的新规范，反映生态体协调平衡规律（协衡规律）的作用结果。公义是生态体协衡规律发生作用的过程和方式。

## 2. 正义

正义系指顺应客观规律和法则的事物、行为与思想观点。这里特指当社会生态体发生重大变化时，顺应社会（生态体）法则和规律而行，随之而变，就是行正义；不符合社会法则，逆历史规律而动，就是非正义。顺应时代巨变，在新的基础上实现变革后的再平衡，并达成全新的伦理规范，就是正义规范。实际上，实行正义变革后的新规范，反映生态体变化平衡规律（变衡规律）的作用结果。正义是生态体变化法则与生态体变衡规律发生作用的过程和方式。

## 3. 义务

义务就是社会人应该履行的角色责任与社会责任。例如，餐厅服务员的义务就是让客户满意；遵纪守法是公民的义务；邻里相助是居民的责任。义务是基于社会角色的功能作用而必须履行的责任，所以义务必须遵循道义而发挥作用。义务又要适应变化，根据总体需要而调整，所以义务仍须体现出秉持公义的倾向。义务也要顺应变革，所以义务还须体现出主张正义的时代变革精神。义务是生态体角色法则的作用结果，同时也反映了角色法则对生态体运行的作用方式。

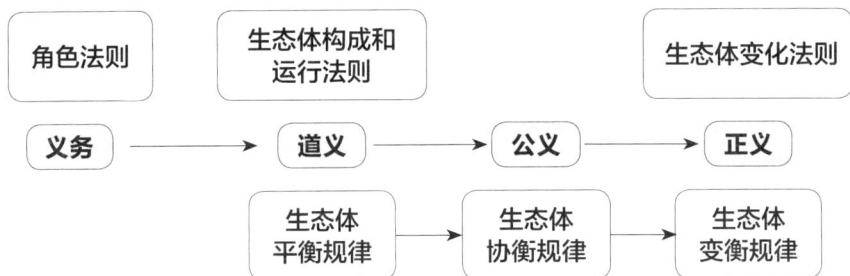

```
┌──────────┐      ┌──────────────┐                    ┌──────────────┐
│ 角色法则 │      │ 生态体构成和 │                    │ 生态体变化法则│
│          │      │ 运行法则     │                    │              │
└──────────┘      └──────────────┘                    └──────────────┘

┌────────┐        ┌────────┐      ┌────────┐          ┌────────┐
│  义务  │───────▶│  道义  │─────▶│  公义  │─────────▶│  正义  │
└────────┘        └────────┘      └────────┘          └────────┘

                  ┌────────┐      ┌────────┐          ┌────────┐
                  │ 生态体 │─────▶│ 生态体 │─────────▶│ 生态体 │
                  │ 平衡规律│      │ 协衡规律│          │ 变衡规律│
                  └────────┘      └────────┘          └────────┘
```

明辨伦理"义"的规范，就是要求每个社会人，都要明白自身的角色定位和角色使命，以及与其他角色的相互关系，还要明白大义；要遵循道义，秉持公义，主张正义，履行应尽的义务和责任。同时，还要求社会与政府，调动各方面资源，理顺社会生态关系，完善伦理规范体系，发挥角色功能作用，彻底改革社会的治理方式。

专业化的社会组织，将会在未来社会治理过程中，发挥积极而重大的作用。

# 第三十一章　明辨伦理信的规范

伦理信是指：诚信、守诺、信用与信任。

## 一、诚信

诚信是指言行相符，表里如一，诚实无欺，具有人格的完整性。诚信的人具有一种人格感召力，形成自然的信任与依赖，容易建立威信。而那些反复无常，揽功诿过，没有担待的人，很容易遭人鄙视。

许多工作需要保密。在许多对抗活动中，也需要掩饰自己的真实意图。保密和用计，与日常生活与工作中的虚伪与谎话连篇完全是两回事。其中主要区别在于使命感和原则性。有信仰，具有强烈使命和责任心的人，往往会形成人格的完整性。因而就会拥有诚信的人格品质。

所以，诚信来自于奉献精神，来自于责任心和使命感。

如果一个人始终如一地奉行着人类基本使命，并在充当任何一个社会角色时，都能认真地依据角色使命行为，这个人就是一个诚信的人，一个拥有完整人格的人。

## 二、守诺

守诺是指一旦许诺，便要信守承诺。这里有四层意思。

第一，不要轻易许诺。世间事情很复杂，办成一件事并不会像想象中那么容易，一旦承诺后做不到，就会败坏自身信用，后果比不承诺还严重。

第二，一旦承诺了，就要全力以赴，履行诺言，建立起自己的信誉。不论大事小事，重要的事或不重要的事，都应注重守诺。

第三，守诺的关键在于行动时有效率，而且有结果。要尽量提前行动，掌握主动，给自己留下足够回旋余地。否则延迟到最后，各种不可控因素出现，很难保证履行承诺。

第四，履约过程中会出现一些困难，要有预先备选方案。同时，还要有毅力，想方设法去克服困难，或者选择另外途径和方法解决问题。不要轻言放弃。

一个人有了这种信守承诺的精神和顽强的意志力，就会在人生旅途中获得成功。因为能够对别人守诺，同样地也会对自己定下的目标守诺。许多优秀的人才，自身条件很好，一生却碌碌无为，其主要原因之一，就是缺乏守诺的行动力和意志力。

## 三、信用

信用是诚信和守诺的社会信誉、记录和公众评价。信用是信守承诺的结果，也是信守承诺的动力。有了良好信用，就能得到社会认可。

有了信用，获得客户认可，就会得到生意，产生了扩大持续且不断的收入；有了信用，获得投资人与信贷机构的认可，就会得到资金；有了信用，获得员工的认可，就会得到他们的支持；有了信用，获得社会的认可，就会得到良好信誉和各种回报。

所以说，信用是人生成功的阶梯，是人生重要的资源。信用资源可以积累和聚集，也可以消退和离散。

信用来自于信守承诺的精神和顽强的意志力，也来自于每一次的具体守诺行为。

## 四、信任

信任是对他人品德、能力和行为的认可，同时也构成人际间交往关系一种有效模式。信任可以建立在信用与信誉基础上，也可以建立在对人和事充分了解的基础上。

信任也是一种有效手段。放手让代理人、承包人或下属充分发挥，给他们机会去展示自身价值，树立自身信誉，有利于调动积极性，顺利完成工作。但同时，授权人还要实行有效监管，并提供必要帮助，以保障双方的信用都能建立起来，至少不会因此受到损害。

信任也是契约关系的基础。在互信互动的过程中，人类社会结为一个整体。

法律在一定程度上可以保证契约的履行。法律对违约有明确的惩处办法。但是，通过法律途径解决纠纷的代价往往太大。即使在法庭上胜诉，可以通过执行获得补偿，依然会造成人们彼此间的猜疑、防范，以及各种不信任的状况。这样会增加了社会交往的成本，阻碍了经济发展。现在，欧洲与美国等发达国家的社会犯罪率不断攀升，法律纠纷案越来越多。说明法律本身并不会自动地增加人们的信用和信任关系。

社会运行应该建立完整的信任伦理体系，通过专业组织，进行系统化的教育、辅导与帮助，改变人们观念，完善行为方式。

这里举一个真实的生活中的例子。美国西雅图有个白人单身母亲（简称她为 T 女士），三十多岁，住在一个养马场的出租房里。她有三个孩子，最大的女孩 14 岁，最小的男孩 7 岁。T 女士在一家餐馆找到一份服务员工作。老板对她很好。有了一些收入后，T 女士的房东说要把一只有缺陷的马，以 1400 美元价格卖给她，但是马还需要由房东饲养，每月需要再交几百美元的养马费。T 女士很兴奋，决定给她大女儿买下这匹马。听说妈妈要给姐姐买马，小儿子也要求买玩具，于是一次发工资后，她带着全家逛商场，给三个孩子都买了许多东西。于是问题出来了。这次逛商场，她把支付该月房租的钱也用了。养马场房东见到她的实际状况，一生气，决定不续租房屋，把她全家赶走。T 女士从此无家可归，工作也丢了，一个人生活在汽车里，她的三个孩子被外祖母接走。这之后，T 女士又到法庭起诉她母亲，要求接回年仅 7 岁的小儿子。因为有了小儿子，她每月还可从政府领取 1000 美元的生活补助。T 女士在打官司时，得到政府免费的法律援助。

仅仅因为家庭支出的小原因，T 女士失去她在餐厅工作后建立起来的家庭和一切。她很后悔。她没能平衡预算，遵守承诺，维护自身的信用。T女士是一个相貌端正、诚实善良的好人。应该说，她真正需要的不是法律援助，而是伦理道德援助。T女士需要一个社会专业化的组织，帮助她规划好人生，建立起个人信用基础，逐步地走出困境，可是美国社会缺乏这样的组织。

美国社会这样的穷人很多。他们的普遍特点是：有钱就花，没钱就抓（到处想法找钱）。每到开支时，一分钟也不能耽误。否则就会出现违约。平日一点积蓄也没有。出现问题就沦落，甚至走上欺诈、偷盗、贩毒和抢劫等违法犯罪的道路上。

中国传统家庭教育是：莫要无时思有时，要在有时思无时。这就是说，不要在没钱时回想自己有钱时的好时光，而是要在有钱时，想想自己没钱时应是如何一个光景？要做到未雨绸缪，防患于未然。所以中国人在财务上相对保守，社会存款率较高。这就是典型的，由传统文化与伦理观念的原因而形成的社会经济优势。当然，中国情况也在变化，年轻人中的月光族（每月都把收入全花光的群体）也在扩大，亟待社会去改进。

当今世界各国实行的信用评级制度，可以激励人们注重信用，改善行为方式，但是它仍有不足。信用评级能够使一部分人越来越成功，也可以使相当多的人越来越沦落。这就像当代的市场经济体系一样，一方面促进发展，另一方面造成严重的贫富两极分化。

中国应该建立专业化社会服务组织，普及诚信、守诺、信用与信任

的修身方法，形成体制化的服务体系，提高人们的伦理道德素养，减少
贫困和沦落人群，让广大人民能够真正地分享到社会与经济发展成果。
这也是世界各国面临的新挑战。

# 第三十二章　明辨经济伦理规范

经济活动以功利为基本特征。它的基本伦理原则是：创价值，获回报。即价值回报原则。价值就是经济活动赖以运行的平衡机制，也是见义取利的"义"。

价值如何产生？它是由劳动、管理、技术、信息、资本、土地和环境七种供给要素，经过不同组合，形成的商品与服务的产出，并按社会公认的均衡价格，被客户支付后，获得的单位产品或服务销售收入。

这里资本虽然是以金钱方式出现，但资本代表着生产设备、工具、材料、设施、能源、房屋等人类已经创造出来的，并重新加入生产供给过程的物质财富。土地则代表地上、地下和水中的各种自然资源。

价值一定是要素组合性的产物。因为劳动只有在拥有工具和对象（资源）的条件下，只有在一定环境中，才能真正地创造财富。

价值有三个基本特点：第一，它是劳动与其他要素相结合而成的产出；第二，它能带来效用；第三，它是通过竞争，以被社会承认价格，获得支付的单位商品收入。所以，当商品没有使用效用时，客户就不会花钱购买，于是商品便没有价值。如果商品生产的成本太高了，超出社会承认的价格，商品卖方就会亏损。因为成本高于价值。反之，商品生产的效率高，成本低，卖方就会盈利。盈利是资本要素的回报。

现代经济活动也是依据价值回报这一基本伦理原则运行的。在市场交换中，我们要奉行诚信原则，做到童叟无欺，不掺杂使假。在企业内部管理上，奉行"以客户为中心"的管理理念，注重客户体验，满足客户需要，保证客户利益。

在人力资源市场上，劳动者与管理者也要首先考虑自身能为客户带来多少价值，能为企业创造多少收入，而不是仅仅考虑自己。人一般情况下都会从自身角度观察世界，也会希望多收入一些，工作轻松一点。相反，投资人则希望企业成本低，效率高，投资回报高。所以，只有遵循基本经济伦理，依据"创价值，获回报"原则办事，才能协调好劳资双方关系。这不是单纯依靠政府的干涉，例如去提高基本工资底线标准等，就能够协调好的。

价值链作为经济活动主线，将成为职业伦理关系的主要依据。例如，医生与病人的伦理关系就是一条价值链。与之相配套的有医生与护士及检查科室的伦理关系，医生与医院的伦理关系，医生与制药厂的伦理关系等等。当然，这里指的是营利性医疗组织。

未来社会日趋成为一个有机整体。其经济活动的社会化程度将大幅提高。企业内部文化也会趋同，进而演化为统一的、社会化的伦理道德准则。这就像当今社会的会计准则一样，能够适用于各个企业的财务活动。未来企业文化趋同的主要因素之一，就是价值回报伦理。

投资市场上的活动也要符合价值回报原则。以价值投资为主，投机性的交易为辅。对投机活动要严格控制。

经济领域内的活动比较复杂，对伦理道德要求较高。从业人员的修身，除了依靠学校教育、企业培训、政府督促外，还需要专业组织来帮助制定系统化的伦理规范，提供咨询、培训以及外包性管理等服务。

## 一·修德篇·一

修德就是修习道德操守。

修德不仅应该基于个人的努力，要不断地与自身陋习和薄弱意志做斗争；而且还应该成为社会有组织的集体性努力，要帮助每个成员成功地融入社会，获取人生收获，生活美满且幸福。

提供组织帮助也与修身的过程有关。一个人，只有意识到修德的重要性，并且下了决心，才会启动修身过程。可是，想要修德，还须知道应该朝哪个方向努力？要知道修德的标准和方法是什么？还要了解这样做的原理又是什么？

在修德过程中，人们需要解决一系列问题。这些问题仅靠个人的人生阅历和体验，从中有所领悟，然后再去实践，实施难度确实很高。一般人集毕生之力，往往都可能都难以达成。因此，修身就需要借助社会智慧，集体力量，接受专业性的帮助。最好从年幼时就开始获得培训与辅导，伴随年龄增长，懿德善行就会慢慢地成为人们一种习惯成自然的自觉行动。

修德既是完善自身的有效途径，更是一个社会化的全新事业。

本篇只讨论社会道德的修养与习练。社会道德是做人的基础。社会五德是爱、恕、礼、智、勇。

# 第三十三章　修习爱德

爱德是五德之首。它告诉我们，自己来自哪里？归去何方？它赋予生命完整意义。爱德包括：敬尊自爱，推己爱人，热爱人生，热爱自然。

## 一、敬尊自爱

敬尊就是心中要有敬畏之心，要尊奉地球生态体。人类全体都来自于地球生态体。当我们逝去，又回归地球生态体（以下简称"自然"）。地球体属于我们，我们也属于地球体。人类要按自然的法则和规律去行为。

当人工智能、生物技术和人为生态高度发展后，自然与人类将真正地融为一体。届时，自然将从一个一般生态体，演化成生物生态体——人类命运共同体。这时，自然开始具有主体意识。每个个体人，成为高度关联有机体中一个细胞，既受制于客观法则和规律，还受制于自然主体意识。每个人均存在于自然特定的组织部分中，具有特定的角色作用，发挥该角色的功能。

未来社会中，每个人都需要执行人类基本使命，自觉地维护自然运行的通畅与平衡；每个人都在充当特定的角色，还需要认真地执行该角色使命，充分发挥好角色的功能作用。这就是"敬尊"的道德修养。它使我们精神升华，拥有大局视野，整体观念。

自爱就是自我意识，自我认知，自我尊重，自我肯定。自爱就是要爱惜生命。每个人都必须明白，自己有责任保护全身体几十万亿活细胞的安全，维护生命健康的运行。想一想自己身体中的细胞怎样夜以继日地工作。它们配合如此默契，面对外来侵略，又是那样地英勇，前赴后继，共度危难。你能轻易放弃这些生命吗？

自爱就是换一个观察角度，内视自身，形成责任意识和全局意识。它有助于增加自信心和意志力，摆脱沮丧、消沉、沦落、自闭、自卑等消极情绪。

一个人真正的自爱，必须通过敬尊来实现。人要改变自身命运，首先就需要遵循自然法则和规律，即所谓"循天命"。循天命而后方能"兴自命"。

敬尊是一种宏观的爱，由此建立长期目标，拥有了信仰，产生了人生的拉动力。自爱使自己建立了自尊心和自信心，激发出爱心，使自己去爱护生命，爱护家人，爱护社区，爱护团体，爱护国家，产生了人生的自动力。

敬尊自爱是一个全方位生态体的完整意识。它是信仰、信念与自我意识的有机统一，是"天人合一"的一种方式。有了敬尊自爱，人们就可以不被周边事物困扰，进入新的精神境界，获得源源不断的动力。

## 二、推己爱人

人们都希望获得别人的爱，但往往又不知道怎样去爱人。无原则地泛泛施爱，不一定会产生好的效果。推己爱人是在互惠过程中，建立起人际间互爱的有效方式，具有很强的可操作性。

推己爱人不仅要做到"己所不欲，勿施于人"；而且还要做到"己之所爱，施爱于人"。自己喜欢别人怎样对待你，你就怎样对待人。每个人都感受更好的待人方式，也同样都试图用更好的方法去待人。社会在相互施爱的过程中，实现了共爱和博爱。社会整体道德水准因此而获得提升。

你喜欢维护自身的人格，获得他人的尊敬，那你就需要以平等之心待人，尊重他人，尊重他人的人格，无论他人的肤色、种族、职业和社会地位，由此而形成社会上互相尊重的良好风气。

你喜欢他人和蔼可亲的待人方式，喜欢他人那种甜蜜礼貌的讲话方式，那你就要学习，用同样的态度和语言方式对待其他人，由此形成社会上礼貌待人的交往模式。

在家庭，你喜欢妻子温柔体贴，希望得到她的理解与支持，那你就要欣赏她，赞赏她，关心帮助她，由此形成家庭里互相关心与支持的良好氛围。

你希望政府官员公正无私，教师诲人不倦，医生敬业高尚，商人童

叟无欺；你反感他人在履行职责时亲疏有别、烦躁疏漏、业务生疏、欺
诈虚伪。那么，你就应该以推己爱人之心律己，在自己的工作中体现良
好职业风范，避免违反职业道德的行为，由此带动社会风气改变。

推己爱人本身就是一种道德操守的修习过程。人们不断地吸取道德
营养，反哺他人，又获得良好回馈，在互惠互动中，整个社会得到共同
提升。

## 三、热爱人生

生命是一个运动中的持续过程。每个人要珍惜生命中的时时刻刻，
重要的就是热爱人生。要欣赏自己周边的一切，从中发现美好的东西，
感受生活的乐趣。

一个人应以健康的心态，去认识自己，提升自己，实现自己。不要
自惭形秽，妄自菲薄。例如：当你认识到自己的短期记忆力比别人差，
声音符号记忆能力差时，你还应设法去发现自己的长处。如果你发现了
自己图形记忆能力较强时，你就要设法扬长避短，用文字和图形帮助记
忆，而不是怨天尤人，自暴自弃。每个人都有长处，也都有短处。只要
肯下功夫改进自己，提升自己，在人生某一阶段，甚至在 70 岁之后，
你都可以实现自己的提升。

物质条件的好与坏都是相对的，暂时的。简单朴素可以使人心境平
和。奢侈豪华容易使人心情迷乱。追求美好的事物是人生一大乐趣，关
键在于这个过程，而不完全是事物本身。

苦难与磨砺是人生历程中的重要内容，特别在青年与中年时期。它是走向辉煌的必由之路。人不能过于享受，需要节制，甚至有意识地让自己吃些苦，保持身心的平衡与健康。

生命是运动。热爱人生重要的是把握住生命运动的节奏与平衡。在工作和学习中，要注意调整好状态，保证效率，掌握进程，获取结果。在生活中，要放松心情，从事一些自己感兴趣的、有意义的活动。要兼顾劳动与休息，保持张与弛之间的平衡。

幸福感是人生需要得到满足后产生的愉悦心情。一般而言，人的基本物质需要较低，但人的期望需要却会很高。期望得不到满足，人就不会感到幸福，甚至会铤而走险，去危害社会。调整好人生的期望值，使之与自己的实际状况接近，是获取幸福的重要方法，也是握住生命运动节奏与平衡的重要方法。人的一生总是在波动，会有高峰，也会有低谷，终会走向衰老。把握幸福在于审时度势，有自知之明，适时调整，维护好身心平衡。

每个人特点不一样，看待幸福的方式也不尽相同。喜欢挑战的人，把克服困难当作乐趣。追求精神境界的人，把艰苦探索看成幸福。

有意识地去调整自己，获取自身的幸福，同时还要去传播幸福，给他人带来幸福，增加社会整体的幸福感，则是人生更高层次的幸福。

传播幸福，热爱人生，也应该是社会的责任。社会团体组织要充分发挥其组织功能，激发人们的乐趣，共享美好生活。

来自群众的客观需要，正在提示社团服务的方向。例如，自20世纪 90 年代以来，中国老年人，特别是老年妇女自发组织起来，每天早晚在一起，伴随音乐跳起广场舞，既愉悦心情，锻炼身体，又能借此开展社交，增进彼此感情。

## 四、热爱自然

生命源于自然。人类亦来自于自然。热爱自然，欣赏自然，投身自然，从自然中汲取营养和力量，又将自身融入自然，这就是人类生存的永恒主题。

自然为人类的发展带来不竭的动力。一个人生长在自然环境中，感受着天地灵气，容易产生想象力，心绪更开阔，有更强的挑战愿望。

大自然更是我们每个人生命的归宿。当我们完成人生旅途，以平静愉悦的感觉回归自然时，我们享受到的是终极幸福。

热爱自然，不仅要去享受自然施与我们的一切，而且还要去敬奉自然。要尊敬其他人和动物分享自然的平等权利。要爱护生物，珍惜资源，保护环境；要为子孙们留下宝贵的生态遗产；要努力建设生态家园。

过去数亿年间，众多物种出现过，从弱小到强大，曾经覆盖过广大空间，然后又渐渐地消失。地球体以宽广的胸怀，孕育了一切生命。今日，人类再次获得地球体的垂青，有幸拥有智能，具有了超越其他生物群的地位，并逐渐地脱离单纯谋取生存的模式，开始进入以完善生态与生命为己任的存在方式。

图 33-1　热爱自然

　　人类必须牢记使命，清醒意识到：自身是自然界不可分割的组成部分。人类能够与自然万物和谐统一，自身就会在其中生存与发展。人类违背自然法则与规律，破坏自然生态的整体和谐，自身则会随之而衰亡。

　　人类不是地球体的统治者，而是地球的忠实守护人。自然界不会允许人类为所欲为。

　　热爱自然，热爱万物，以平等之心分享自然赋予我们的一切，共同经营好地球生态体——我们的人间天堂。

# 第三十四章 修习恕德

恕的道德内容是指：处世坦然，心旷神怡，宁静致远，宽容挫败，奉公积善。

## 一、处世坦然

处世坦然是一个较为深厚的内在道德修养。有了这份修养，毕生受用，健康长寿。

处世坦然，保持心境平和，把握住生命真谛——协调平衡。

每个人每天都与人打交道，处理各种事务，在利弊得失间权衡，受七情六欲支配，很难获得平静。

人在得失计较中情绪波动太大不仅有损健康，还会有损事业。一旦失控，便会做出错误决定。如果错上加错，就有可能滑向深渊。所以时刻保持坦然和冷静，去应对各种状况，得之不过喜，失之不慌张，就可以在很大程度上避开严重失误，维护周边生态运行通畅，保障自身、家庭与组织安全。

处世坦然，不苛求他人，以宽容仁慈的方式待人接物，可以减少负面反弹，维护大局。

处世坦然，按规则办事，恪守伦理规范，不怒自威，便会得到他人尊重。

处世坦然，不物欲横流，深刻认识到：只有自身的经历和体验，才是人生中唯一能带走的财富。

处世坦然，能够带来长期效益。人都有自身特点，有优点，也有缺点。应扬长避短，走自己的人生道路，不必去争一日之长短。只要不断努力，厚积而薄发，日久必有所获。

## 二、心旷神怡，宁静致远

心旷神怡，宁静致远，可以把握住人生正确轨道，葆有宽和胸怀和宁静心绪。

心旷神怡，宁静致远，就可以耐得住琐碎与繁忙，耐得住寂寞和世态炎凉，心静如水，避免浮躁。

心旷神怡，宁静致远，获人生不竭动力，吃苦受累自得其乐。

心旷神怡，宁静致远，有了长远的志向与规划，就不会为眼前的纷扰所苦恼，不会为过去的失误而懊丧，不会为曾经拥有的而念念不忘。放下那些尘封的是是非非，专注于现在和未来。

心广致远，可以透视人际纠结，争斗隐伤，故能抑制愤怒，小处忍让，顾全大局，真正地践行恕道。

中国宋代名相吕蒙正，以宽厚容人、富有雅量而闻名于世。他幼年因家变，寄宿在破窑里，衣不遮身，食不果腹，亲历世态炎凉，饱受人们的憎厌与嘲弄。但是，他心广致远，以沉沦为动力，把握人生的目标，不懈地努力。后来，吕蒙正科举成名，夺魁中状元，然后又官拜宰相，位极人臣，享尽富贵。他经历了人生起伏，看破红尘，却一直葆有清醒的头脑。在吕蒙正所著的《破窑赋》，他写道："嗟呼！人生在世，富贵不可尽用，贫贱不可自欺。听由天地循环，周而复始焉。"

## 三、宽容挫败

失败不要紧，就怕浅尝辄止，轻言放弃。

成功就是在不断试错与失败中来临。宽容挫败，才能走向成功。

每个人都会犯错误，有失败。接受了教训，纠正即可。不必过多地责备或自责。这样才能越挫越勇，最终走向成功。

困难会磨练意志，挫折能改变心智。

宽容挫败，也是一种悲天悯人的情怀。人获得一时成功后，也不必自诩，因为可能还会失败，已经拥有的财富和成就仍然会流失掉。要推己及人，助人为乐。无论自身处境如何，都应去关怀弱势群体，尊重那些在挫败中继续奋斗的人们。

这里讲个真实的故事。有位从中国到美国的留学生，姓汤。他初来美国时没有钱，只能一边打工，一边自费读研究生。汤毕业后，一时找不到工作，就到餐厅当服务员，送外卖，尝试各种工作，辛辛苦苦地去挣钱，用来养家糊口。几年后，汤又开了家贸易公司。因为敬业，他很快地就挣到大钱。在高档写字楼内，有了自己的宽敞办公室。并且，还买了自住的花园房子和若干辆豪华品牌汽车。此时的汤，春风得意，开始自大起来。他在街上开车时，看到一些开旧车的人或要饭的穷人，就会有些轻蔑。认为他们反应太慢或者不够努力。没想到，世道随时变。几年以后，由于种种原因，汤的生意开始下滑，这促使他不得不又重新奋斗。在事业受到挫折之后，汤对人生有了更为深层的理解。从那以后，即使汤驾驶着豪华车，对开旧车的人，他也十分礼让，并且对穷人则充满了同情心。汤走过骤然大富，然后又回归平常的人生历程后，思想起了变化，精神得到升华。

## 四、奉公积善

奉行公益，具有天下为公的情怀，着眼大局，维护整体运行的通畅与平衡。

亲近仁德之人，会积善减过，走向辉煌；近小人，则会背损公益，贻害人生。

积累善行，使人生更有意义，德望自然也会高。因此，助人为乐，知恩图报，闻过则喜，虚心求教，均是应予发扬的优良品质。

个人能力有限，只有团结起来，同心协力，取长补短，才能壮大力量，获取成功。

明确目标，融入团队，找到位置，确定功能，发挥作用，体会节奏，形成整体意识。

　　营造氛围，沟通顺畅，互相尊敬，鼓励赞赏，调动全体积极性。

　　别人的短处，不要去揭；别人的隐私，不要宣扬；着眼大处，顾念全局。

　　有理不必抢尽，凡事不必做尽，给人留有余地，给己留有空间，方能维系团结。

　　认识错误，改正错误，清醒坦诚，必为人所尊重；认清优点，发扬优点，聪明智慧，必能成就事业。

# 第三十五章　修习礼德

礼在现代社会是一种道德修养和行为规范。循礼而为，容易处理好社会人际关系，改善形象，提升地位。

礼主要系指：礼貌待人，遵守规则，守位尽责，秉公办事。

## 一、礼貌待人

礼貌待人既是修养也是美德，其核心是尊重。在人际交往中，需要相互尊重。要尊重对方，又要保持自尊。只有懂得尊重人，才能得到别人的尊重。

语调温和，有亲和力；不要随便打断他人讲话或急于插话；表达意见前最好考虑清楚。

尊重他人意愿，不要勉强他人或强加于人。己所不欲，勿施于人。

尊重他人意见，要对意见给予适当关注。注意聆听意见时的神态，要对意见及时反馈。

尊重他人时间，见面时不要过早出现或迟到；掌握好谈话和会议的进程。

尊重他人空间，不要过于打搅他人的工作、生活与学习。离开时注意清洁，物归原状。

公共场合保持安静，不要大声喧哗，保持自身风度。

设法与他人保持一致，适当迁就他人，避免非原则性争执。

接纳对方并给予赞赏。不要吝啬赞美，它令对方心情愉快。

不要背后说闲话。要用中性或正面的方式谈论他人，保持友好与坦诚的交流氛围。

维护自身外观，既尊重了自己，也尊重了他人。要保持面净，衣整，头发梳理；头正，肩平，背部挺直。要注意面相：勿傲，勿暴，勿怠；保持平和、微笑或庄重。

## 二、遵守规则

遵守规则的核心就是树立自觉遵守意识。要遵守社会公德，遵守工作规定，遵守岗位职责，遵守自律要求，遵守信用承诺，遵守做人准则，遵守组织文化，遵守社会风俗。

遵守社会秩序。需要遵守交通规章制度，保障他人安全和自己安全。公共场合下，听从指挥，礼貌让人，排队等候，循序通过。例如飞机晚点了，虽然耽误自己时间，但仍然要服从安排和指挥，绝不能大吵大闹，给航空公司造成困扰。他们服务不好可以投诉，可以给他们差评，可以不再选择这家公司的服务，但不能不遵守规则。

讲究公共卫生，不要随地扔垃圾和吐痰。保持环境整洁优美，自愿贡献力量。

在职场遵守工作程序、各项制度规定和操作规范，注意安全和保密规定。

在家庭，要遵守作息时间，保持整洁与卫生，维护家居环境，主动承担家务劳动，敬老爱幼，率先垂范，主动建立并致力于维护家庭生活规则。

遵守各项自律要求，维持良好习惯。不要随便让人给自己行方便，特别是这种要求给他人带来不便或者是让他人行不义。

遵守规则，是起码的公民意识和作为社会人的道德准则。无论是在公共场合，在家庭或者是独处，都应自我约束，注意按规则办事和行为。

## 三、守位尽责

守位尽责的核心就是适度。交流与沟通中一定要把握适度性，不同场合、不同对象，应有所不同，须把握好分寸。

要恪守自己在特定场合下承担的角色、身份和位置，不要混淆角色位置。即使你是领导，乘车时你就是一个乘客或助手，不要试图充当司机。旅游时你就是一个游客，要听从导游和接待人员安排。明确定位后，就要尽责守礼。

许多场合下不要急于表态，要考虑效果和结果。例如你是厂长，到车间班组工作现场看到许多问题，你不能在现场去一一纠正。你需要回到厂部，与相关人员，包括车间负责人一起商讨，提出系统解决办法。如果你越级直接到现场指责，会使指挥系统瘫痪，效果不会好。所以守位尽责就是要坚守体制，领导更要遵守礼节。做到不卑不亢，落落大方。

## 四、秉公办事

秉公办事的核心就是要自律。在要求对方尊重自己之前，首先应当检查自己的行为是否符合规范要求。

秉公办事是守礼的重要原则，最终会赢得人们的尊重。

# 第三十六章　修习智德

智，这里指的就是智慧。智慧不是那种与生俱来的智商能力，也不完全是知识的积累，所以不能用智商或知识竞赛来衡量。

智慧既是一种思想方式和方法，也是一种品德，需要通过后天的培养与训练来获得。只要肯学习，下功夫，每个人都可以拥有智慧。

本书提供了新的视角以及众多方法，对修习智德会有很大帮助。为了便于修习和掌握，我们选择狭义的智慧定义：智慧（Wisdom）是一种能够运用知识和经验做出明智决定的能力。修习智德，就是修炼出正确决策的能力。

正确决策在人的一生中非常重要。行动能力再强，条件再好，精神能力再强大，如果决策错了，照样会导致失败。如果不断地犯错误，人的命运就会变差，甚至会很悲惨。

所以说，人有了智慧，没钱也可以挣到钱，可以从无到有积累起大量财富。但是，没有智慧，即时祖上积德，留下大量财富，也会很快地失去，成为败家之子。中国古话讲，富不过三代，说的就是这个道理。因此，传家之宝应该是智慧，而不是财富。每个人都应该好好地修习智德。

智慧作为道德，这里特指：调查研究，正确决策，把握机遇，能进能退这四个方面的内容。

## 一、调查研究

调查研究不仅是实施正确决策的首要方法，也是工作与学习的重要方法。

在工作中，优秀的员工总能解决问题，克服困难，取得一项又一项的成就。其主要原因就是：（1）他们能调查研究，具体情况具体分析；（2）善于掌握新情况，找到新方法，不断地自我学习，砥砺自己前行。而一般的员工，则不善于调查研究，习惯于凭经验或已有的知识办事。虽然能够应对普通状况，一旦遇到特殊情况，则需要外力协助和指导才可应付。而差的员工较为随意，缺乏章法，凭意识和感觉去做工作，所以很难取得可靠业绩。

在人生成长与学习过程中，正确的方法之一应该是培养自我学习能力。要主动地选择题目，搜集资料，调查核实，或通过实验证实，并分析研究，进行判断，得出结论。在这个过程中，既学到知识，掌握方法，也培养了调查研究和解决问题的能力，还可以提高学习兴趣，培养学习的主动性。

运用调查研究的方法来学习，比用单纯灌输知识或采用死记硬背方式去学习，效果要好得多。实习而学之，获益良多。当然，也不能排除灌输知识与死记硬背的学习方式。在单纯受教情况下，仍要注重联系实际进行讲解，力求搞懂会用。即学而时习之，不亦乐乎。

## 1. 调查

调查是指通过各种途径，运用各种方法，有目的地了解事物真实情况。调查要尽可能客观和全面，把握住动态与差异状况。以下几个原则可供参考：

（1）客观原则。要注意，不能以自己的思想框框和特有的经验模式去套现实情况；不以个人的好恶观念、功利倾向去取舍。要保证调查的客观性。调查应该尽量从直接对象取得信息，因为信息经人传递后，会发生偏差，容易被误导。例如，要想了解消费者和客户对该种产品的态度和评价，最好与消费者和客户接触并直接体验，不要仅从网上或报纸上找到一些信息，就以此为据。

（2）系统原则。事物具有普遍关联性。各个现象均会有一定联系，包括因果联系、先后联系、主次联系、表里联系、关联联系、并列联系、必要联系等等。了解了有关的联系，便于我们做进一步深入调查，彻底弄清情况。例如发生一个问题有五个原因，不一定明显的原因就是主要原因。当然，最好的办法是采用机理论，弄清机体、机能和机制关系。从系统流程和角色关系中，把握住该事物的本质。

（3）动态原则。世间一切事物都在运动，调查情况一定要注意特定的条件和时间。如果随时间变化，条件也发生了变化，该情况也要变化，所以要学会由静态到动态的调查原则。调查要采用辩证的办法，既要考虑到消极的一面，也要看到积极的一面，包括好坏、损益、盈缺、大小、强弱、上升、下降等，要注意转化和演变，不能随波逐流。

（4）差异原则。要求调查人不只要看到事物的共性和规律性，也要看到不同或个体事物的差异，从差异中了解共性和规律。同时差异原则可以加深我们对特殊性和条件性的了解。例如两个供货商规模、经营特点和价格完全一样，但我们仍然要找到差异，例如交货保证、质量或服务等差异。

## 2. 研究

研究则是指对调查材料进行思维加工，以获得对该事物实质和规律的认识。研究不仅仅是分析与综合，还要从系统与关联关系中把握实质和关键。研究的方法很多。为了便于修习，这里提供一些初步浅显方法，仅供参考。

（1）分析过程（分解过程）：对笼统的事物中的组成部分或各因素，进行区分、细化、分类、评估的过程。分析过程往往采用从结果向原因，从现象到本质的倒推方法。类似的还有从外在条件到内在因素，从后向先，从次到主等倒推法。还有的是从复杂到简单，从大范围到小范围分解方法。机理论研究方法也是其一种。但它是从整体结构到系统运行，再从全系统到具体的作用环节，最后来分析该环节（事物发生的小环境）的作用机理。

（2）联系过程（研究过程）：查找事物各因素或部分之间的内在联

系，包括因果联系、先后联系、主次联系、表里（现象与本质）联系、条件联系、充分与必要联系、对立统一关系，以及整体与局部、局部与个体之间的关联关系等等。研究过程中，一般采取去粗取精、由表及里、由浅入深、去伪存真等诸多方法。机理论则是直接从已知的总体的关联原理，来推导出局部与个体的具体关联关系。

（3）合原过程（综合过程）：在查明各分解因素之间的联系后，从整体上、运动中和辩证转化的关系中，人为地合成还原该事物，从而真正地把握和了解该事物。合原过程一般采用从原因向结果，从实质向现象的正推方法。

形象地讲，以上三过程就像把一台机器拆散，搞清楚内部结构，再重新组装上一样。从认识论角度讲，我们最初对一台不知其所以然机器的认识，和我们把它拆散又组装后机器的认识，有巨大差别。这里所说的机器，只是一个比喻，用它来类比客观存在的事物。

（4）证实与证伪：研究中也可以采用一般性的科学研究方法。提出假设，通过实证来证明假设成立，或者通过实证来证明假设不成立。再通过演绎与归纳逻辑，进行推导与排除，最后找到事物间真实的联系，发现本质性的物质规范。

（5）创新过程：创新是指以新颖独创的方法解决问题的研究方式；创新也是一种思想、知识、信息的积累与思考过程中的跳跃。有的创新，属于拓展与延伸性的创新。这是从已有的创新原理出发，向新的领域应用推广过程中的创新方式。还有的创新，属于发明式的创新，它包括了

思想、方法、解决方式、产品服务、管理、方案以及客观事物的组成等
方面的完全性的创新活动。创新过程可长可短，但一般都需要有一个思
维的跳跃过程。那就是经过反复思考而不得其解，在徘徊时，却突然间
灵光一现，找到全新思路的探索过程。创新性的研究也是一种有效的研
究方法。

图 36-1　创新过程中新思维灵光乍现

## 二、正确决策

正确决策，对人生影响很大。累积性的正确决策与重大性的正确决
策，均可以改变人生轨迹。正确决策要基于对实际情况的调查研究，基
于客观事实和正确的判断。经验与知识对决策固然重要，但也容易误导

决策。因为情况不尽相同，形势总在变化。仅凭一般性观念和愿望来决策是不够的。一定要实事求是，并兼顾全面与长远。

决策的方法很多，没有固定的模型，要因人、因时、因事、因地而变化。但还是有些方法可以供学习与借鉴。以下提供几项常见办法，仅供参考。

（1）把目标或价值取向作为取舍标准，以此来判定优劣、重轻、先后、益损、利害等。

（2）两害相权取其轻，两利相权取其重。

（3）局部服从全局，当下服从长远。

（4）从整体上把握而决策，不孤立地判断。

（5）不求最理想，但求最恰当（合适）。

（6）要从动态发展中把握和决策，不能仅看静态的或眼前的状况。不能仅看直接一步的行动后果和影响，要最少看三步后的行动后果，及其影响和可能发生的状况。

（7）以辩证转化的方式来判断和决策。损益、好坏、快慢均可转化，而事情往往否极泰来，盛极而衰。

（8）欲取先与，失小换大。这是一种非常有用的决策模式，常常影响人的行为和思想方法。

（9）平衡与节奏原理，它包括张弛、快慢、增减、轻重等各种调节，以便取得平衡。

（10）生态正确原理，即用行得通、可平衡、能促进三项标准，进行判别和选择。

决策一般是指在分析和研究之后，形成了不同的方案和选择方式，决策者从中找到最佳方案和选择。而决策程序则是把分析研究与决策结合起来，形成一个机制化的决策过程。事实表明，运用决策程序有助于迅速做出正确的选择。

决策不是靠学会几招方法，就可以成功的。特别是重大决策，一定要有程序，通过程序来控制风险。此间我们只讨论一个较为通用的分析式决策程序，用例子来帮助理解。参见图36-2：

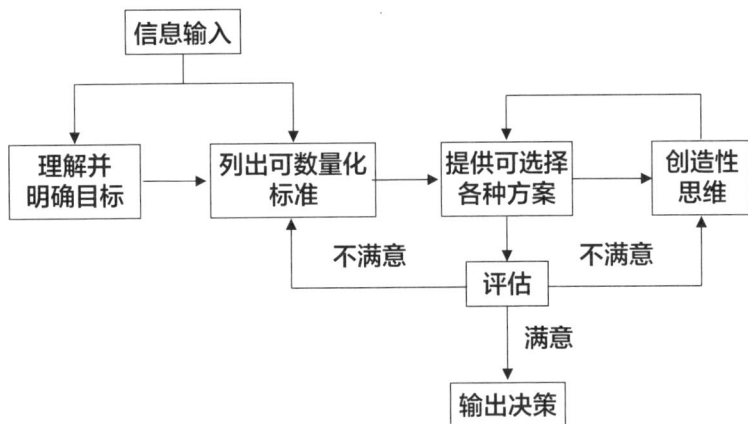

图 36-2　分析式决策程序

当然，日常决策速度很快，需要马上决断，不可能完全走程序。这时既要凭经验，更要凭素质——经长期修习而来的智德。

## 三、把握机遇

人生成功除了具备必要条件外，很重要的就是把握时机。有了机遇，就可以改变现状，登上高峰。每个人一生总会有一两次属于他的机遇。有的人机遇更多些。关键要看他本人能否有能力抓住这个机遇，看是否能清楚地意识到这个机遇。当然，机会到了就要抓住。如有必要，可以当仁不让或当事不让。机会没到，则要有耐心，不必贸然行动。

许多人都有这样的体验，年轻时认为自己生不逢时，没有前辈人那么幸运，可以拥有众多的时代机遇。但是，当自己走过大部分人生道路后，或者已经进入到晚年，这之后，再回忆这辈子的经历，看看自己旧相识中的那些条件并不好，却得到命运垂青的人。再去想想自己经历过的整个时代。然后，他们才会慢慢地领悟到：其实他们自己一生中的机会也有很多，只是没有能够抓住。

那些干什么都不尽心，也不尽力，志大才疏，总是认为自己离成功只差一步——就差机遇的人，一生中却很难得到机遇光顾。尽管这样的人很"虔诚"，可以不停地祈祷，盼望着好运降临，帮助自己咸鱼翻身，美梦成真。为什么会这样呢？道理很简单，这些人不愿意改变自己，不愿意为抓住机会而奋发学习和努力工作，不愿意锲而不舍地做好充分准备。所以机会来了，他抓不住，机会不属于这样的人。

"十年动乱"期间，不少学生吃尽苦头。那些"知识青年"们，响应号召，"上山下乡"，除了学会干农活外，几乎一无所长。后来，他们中许多人返回到城里，进入工厂干活。但正是由于困苦的经历和贫乏的文化，激发了他们中间的许多人去奋发读书，并养成受益终身的自学能力。随着时代变迁，他们抓住一个又一个机会，考上大学和研究生，通过各种途径补习文化，出国留学，最终成为各界栋梁人才，成为社会精英和国家领导人。

这些真实的人生故事告诉我们：机会总是存在，关键在于改变自己。要通过刻苦学习，认真工作，获取智慧，培养能力，最终才可以抓住属于自己的机遇，彻底改变人生轨迹。这种智慧品德需要体验和培养。把握时机的窍门在于坚持不懈的努力。

命运总是垂青那些有准备的人，而不是那些只企盼、不努力的人。

DECLARE EARTH DAY, EVERYDAY.

# WHAT THE WORLD NEEDS NOW

LEARN MORE

图 36-3　寻找机遇，把握机遇

## 四、能进能退

能进能退，能上能下，能伸能屈，均是智慧。

　　人生总有高低起伏，前行总是蜿蜒曲折，不可能一帆风顺。月盈而缺，花盛而谢，这是自然规律。所以，顺利时，要保有警惕；低迷时，要提振信心。走向极盛时，就需做好下行准备。落在低谷时，就有可能改变自己，重新进入上升期。

　　能进能退。既要争取最好结果，也要考虑最坏情况出现。事先应制定防范措施，找好退路，减少损失，也可便于日后的东山再起。因此，退却不是耻辱，而是智慧。

　　生命的真谛就是平衡。修身自好，调节心理感受，使之与自身处境和外界环境保持某种平衡。进可兼善天下，退可独善其身，维护好周边生态，保持心理与实际状况的平衡。

　　如果全身退下后，就不必再留念腾达时的轰轰烈烈，只需享受眼下的平凡或宁静。

# 第三十七章　修习勇德

勇是为人处世、成家立业、成就事业的基本能力。不能把勇的定义狭窄到那种敢于冲锋陷阵，敢作敢为的勇气上。作为道德来修习，勇主要是指：勇于任事，砥砺奋进，勇于纠偏，坚持不懈。

## 一、勇于任事

勇于任事，是一个基本的职业素养和做人素养，也是干成事情的基本条件。日常社会中，许多人缺乏责任心，干事情投机取巧，敷衍马虎，推诿扯皮，躲闪腾挪；遇到困难就退缩，上推下卸，搪塞责任，借口条件不具备，找出种种理由，为不干事和干不成事开脱。这种人可以有光鲜的外表，知道如何拉关系，可以跻身于某个派系或团体，滥竽充数还可以，可是无法委之重任。因为他们达不到可以有效完成工作任务的基本职业素养。

不能勇于任事的人，在以"依附"为主要价值观的社会中比较常见。因为主政或主持人，也需要一些"忠实"的下属。但是到了市场经济时代，不堪任事的人就难以混迹了，处于失业状态或经常性找工作的状态。此时，他们还可以讲讲"权利"，通过斗争，获得某种善待。

在即将来临的生态社会中，各方面的信息非常透明，十分有赖于社会角色充分地发挥其功能作用。此时，如果充当特定社会角色的个人，没有强烈的使命感，仍然缺乏勇于任事的道德修养，恐怕就更加难以立身了。

勇于任事是做人做事的基本功。要及早重视，从小事抓起，一点点地训练。专业性的指导与帮助非常必要。勇于任事对建立家庭，维护家庭也至关重要。可以说，作为道德，勇于任事也是安身立命的基础之一。

勇于担当是勇于任事的升级版。不仅可以把事情做好，而且还敢于承担责任，敢于迎接挑战，敢于触及矛盾。有了勇于担当的素质，就可以被委以重任，具备独当一面的条件。

从事工作，不仅要敢作敢为，更主要的是身心投入。一个人具备了智慧，有了正确决策，这还不够，仍然需要全力以赴才能成功。

勇于任事是勇德的基础。

## 二、砥砺奋进

砥砺奋进，就是要砥砺心志，克服内在惰性，排除外在困难，奋发开拓，不断推进。

勇于任事是一种办事的能力。砥砺奋进则是开拓能力、推进能力和自我改善的能力。如果说勇于任事是一种状态，那么，砥砺奋进则是一系列状态，是在变化中前进的状态。

社会实践中，一些人既勇于任事又勇于担当，可以独当一面。可是，一让他们有所改进，有所创新，就犯难了。他们不善于开拓创新，即使改进了，有所进步了，也很难会持续地推进，并不断地扩展。因为开拓创新与已经习惯的工作方式不一样。开拓创新需要改变自身的思维方式、工作方式、生活方式，需要克服内在惰性和外在困难；需要解决一系列新问题。

砥砺奋进比勇于任事需要更强大的精神力量，需要更坚强的意志支撑力。通过改变自身，进而改变周边事物，开创出一个全新局面。

砥砺奋进的力量来自于对前景的憧憬，来自于必胜的信念，来自于使命感，来自于精神感召力，来自于新知识、新经验和新思路，来自于各方面的支持与帮助，更重要的是来自于对勇德的指导、修习和训练。在新社会到来之际，面对日新月异的变化，更需要专业组织去指导和培训，为社会培养出大批能够开拓创新、砥砺奋进的新型人才。

## 三、勇于纠偏

勇于纠偏是走向成功的必由之路。

前进道路不是平直的，会有坎坷和曲折。错误总是难免，需要不断地总结经验，接受教训，并适时调整策略，改进方法。

只要目标明确，勇于担当，砥砺奋进，实事求是地对待工作和事业，就不会怕纠正自己的错误和偏差。因而，勇于纠偏本身就是完美勇德的一个不可或缺的组成部分。

真正成功者，道德修养会达到较高境界。在现实中，很多人的失败并非做事的失败，而是做人的失败与道德上的失败。事业上的成功，溯本追源，基本上都是做人的成功。强大精神力，高尚的道德，必然形成优良的品格，最终成就了一个个成功的事业。那种拿他人错误搞内斗，抬高自己贬低别人，打击实在做事的人，在人格上就输了一截。所以，不计荣辱，勇于纠偏本身就是美德。

## 四、坚持不懈

当你看准方向，抓住机遇，找到途径，具备条件，并且勇于任事，敢于承担，砥砺奋进，勇于纠偏时，那么，通向成功的最好方法就是坚持。

坚忍不拔的毅力是成功者的基本素质。

送走长夜，迎来黎明，每一天获得的都是充实的体验，都是自身素质的提高。

锲而不舍的精神是衡量勇德的重要标志。

图37-1　永远不要放弃自己

245

第三部分 / **人与自身**

————————

## 一· 益行篇 ·一

益行就是裨益行动。它不仅是一般意义上的人生哲学，更多的是原理和方法，告诉你应该怎样做？

一个人如果能明辨伦理，并按伦理行事；修习道德，并按道德行为，他将会成为一个合格的社会人和一个幸福的社会人。

益行篇将讨论：怎样进一步去开发并改善自身能力，让人生更为辉煌？怎样积累正资源，消除负资源，以利于行动，使自己变成一个成功的社会人？

# 第三十八章　人的能力

人的能力可以分为三个层面，即行动能力、智慧能力和精神能力。这三个层面互相渗透，互相作用。

意识、观念与思想是使三个层面能力交互作用的主要媒介。它们将人的活动联结成为一个有机整体。

## 一、行动能力

行动能力包括表述、写作、知识、操作、运动、劳动、事务、待人、社交、组织、管理、执行、推动、美术、音乐、表演、概括、激励等一系列能力和技巧。

这些能力的形成，既有天生因素，是由人的生理特征决定的，也有后天因素，是经锻炼、训练、开发和改进后的结果。

每个人生理特征不一样，成长环境不一样，后天经历不一样，所以人在行动能力上差异很大。正因为如此，而形成了个人特点，表现为某种程度上的长处与短处。

个人能力上的特点会对他选择社会分工，充当特定角色，起到一定作用。

人的能力可以改变，可以在社会实践中被开发出来，可以不断地完善。即使有的人天资不好，但经过系统化的训练和实践，通过自身有意识的改进，仍然会拥有该项能力。例如表达能力就是这样，经过系统训练，笨口拙舌的人可以成为很好的演讲家。

在社会五德中，礼德和勇德中的一部分，基本上属于行动能力层面上的道德修养。修习好这些道德，就可以显著地改变人的许多能力，比如社交能力、办事能力、开拓能力、管理能力等。

社会伦理和经济伦理对改变人的行为能力也有很大作用。在明辨伦理与修习道德过程中，人的行为能力会被开发出来，会被持续地改善。

## 二、智慧能力

智慧能力主要是指对客观世界的认识、理解、判断、选择和决策的能力。

智慧能力是保证成功的重要因素。智慧可以使人的行为符合自然和社会法则，促使人依据规律而行为，从而达到预期效果，取得成功。例如：经济上，有了对投资项目的正确评估与决策，就可以获取可观利益回报。在政治斗争中，运用智慧就能够战胜对手，获取胜利。在军事战争中，运用智慧可将敌人彻底击垮，进而将其围剿消灭。此外，在国民经济发展过程中，运用智慧提出正确决策，可避免市场大幅震荡，化解金融危机，等等。

智慧能力对人生至关重要。正确决策可使人生成功，可以衣食无忧，享受天伦之乐。而错误决策则会使人坠入深渊，倾家荡产，搭进性命。

智慧能力与人的天资没有必然联系。那些天资聪颖的人，也会经常做出错误决定。而且，往往是聪明反被聪明误。

智慧能力主要靠后天修得。可以靠好的老师指点，靠自身勤学苦练与感悟，靠精神力量引导，靠坚强的意志力支撑，也可以靠虚心请教，靠群策群力的集体力量。

人的智慧与他的视野相关联。所以，要葆有全球视野，要对不同的价值观和习俗，持开放心态；理解各国的历史、政治、宗教和文化；在全球范围内接触人与事；拥有跨文化的社交和智慧技巧，能在其中游刃有余；用新世纪的技能和方式，去理解与表述全球问题。因此，就能够平衡社会和文化差异，创出新的想法，而获得成功。

智慧能力取决于个人的实践和经历，但主要还是取决于方法。有了好方法，思路对，即使掌握的信息数据不多，仍然可以做出客观判断，制定正确方案，采取恰当措施。

修习智德，获取人生智慧，提高智慧能力，是人生辉煌与幸福安康的重要保障。这与普通的知识传授还不一样，所以，需要专业性的组织和机构进行指导帮助。

## 三、精神能力

精神能力是指人的信仰、信念、理想、人生目标、意志力和境界等。有了坚强的信仰和明确的志向，就会拥有浩然正气，做事公正，做人中和，逐渐地形成完善的人格。

爱德中的"敬尊自爱"，以及恕德中的"处世坦然""心广致远"，勇德中的"砥砺奋进""勇于纠偏"和"坚持不懈"，均属于典型的精神能力。这些能力可以将自身提到一个全新高度，进入与天地共生，与万物合一的博大境界。这种精神力，可以与其他能力相融合，有效地开发出各种资源，能够创造人生辉煌，也宜获取人生幸福。

爱德中的"推己爱人""热爱人生""热爱自然"，以及恕德中的"宽容挫败""奉公积善"，还有勇德中的"勇于任事"的内容，则是精神能力直接作用的结果。它们是经由意识、观念与思想传导过来的精神动力，也是由精神力转化而成的智慧能力和行动能力。

精神能力与心理特征和先天资质有些联系，但精神能力主要来自后天磨砺，仍然是通过环境熏染，自身历练，艰苦磨难，以及道德修习等方式，练就而成的。在此过程中，专业性指导与培训则非常必要。

以下方面的训练，对提升精神能力会有积极的效应：

（1）提高适应性，建立灵活、敏捷的适应能力。

（2）主动探索，敢于尝试不熟悉的领域，有意识地去探索和实验，能够在模糊不确定的环境中高效工作。

（3）承担风险，将失败看作学习的机会，认识到创新会遭遇到频繁的失败与少量的成功。

（4）培养独立精神，主动地去担当新的角色，拥有新的想法，探求新的策略。

（5）发展出创业者们所拥有的素养。

（6）拓展视角，持有同理心与同情心。

（7）培养正直、诚实、公正和尊重他人的精神能力。

（8）在面对不公正的情形下，表现出道德与伦理上的勇气。

（9）有责任感，心中时刻铭记所处组织（共同体）的整体利益和福祉。

（10）应对复杂问题，在做决策时，要兼具理性和伦理。

此外，还要注重训练，养成良好的思维习惯，刻意保持积极的精神特质，诸如：细致、专注、投入、创造力、爱学习、好奇心、抗挫折、毅力、效率、反省、总结，以及压力管理和时间管理的能力，等等。

在正常情况下，人的行动能力、智慧能力和精神能力应该是均衡的。如果精神能力太强，行动能力不足，则表现为志大才疏。如果行动能力强，智慧能力不足，则容易失败。如果智慧能力强，行动能力跟不上，也很难有成效。

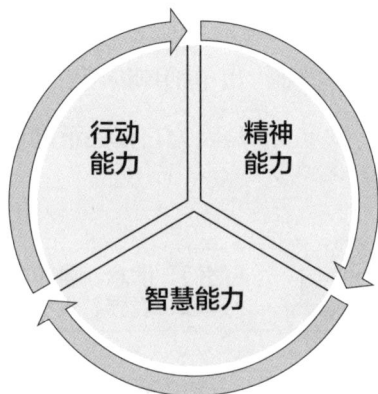

图 38-1　人的行动能力、智慧能力和精神能力应该是均衡的

　　三种能力中，行动能力是基础。如果一个人有较强的行动能力，并且有一定的精神能力支持，有奋发图强决心，尽管他经验不足，判断与决策力稚嫩，但在经过锻炼或系统培训，在其智慧能力得到提高后，就有可能迅速走上成功之路。

　　智慧能力承上启下，十分重要。如果有好的老师指导，具有较强的智慧能力，并有一定的志向和目标，就可以主动地去锻炼自己，培养和提高自身的各种行动能力，掌握技巧，最终成为有用的人才。智慧能力强的人，可以通过改善方法，扬长避短，用较少的代价，在较短的时间内，获得较大成功。

　　精神能力在三个层面的顶端，作用最为重要。如果一个人行动能力强，智慧能力也强，在具备一定条件后，他的信心得到提升，此时就需要更高的人生目标，主动提升精神能力。有了精神能力，他的人生将通向辉煌。如果精神能力无法提升，则很难有大的成就。即使会有一时成功，也将失去机遇，滑落下来。中国明朝末年的农民起义领袖李自成就是一例。精神能力之所以重要，是因为它在决策过程中发挥重大影响力。

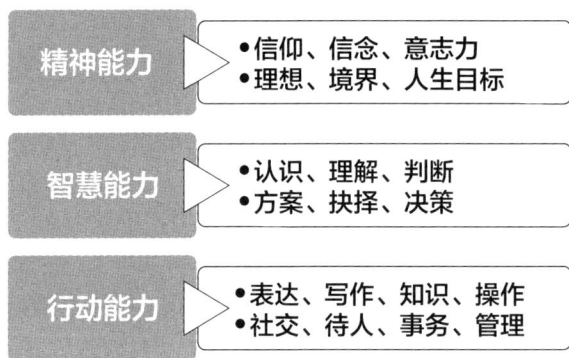

图 38-2　人三种能力的分析概要

　　从图 38-2 分析看，一个人同时具备三种能力，成功的概率非常高。如果具备了两种能力，还可以提升另外的能力，成功概率也会比较高，但需要假以时日才能达到。如果只具备一种能力，其他两种能力欠缺，成功概率则比较低，但仍然会有机会。如果三种能力均欠缺，最好是有自知之明，回归平常生活，否则失败的概率会很高。

　　那么，怎样提高或改善这三种能力？除了明辨伦理，严格执行"义"和"信"的各方面要求，主要的就是好好修习各项道德。

　　在五德中，修习爱德和恕德可以提高精神能力；修习智德可以提高智慧能力；修习礼德和勇德可以提高行动能力。

　　人无完人。为了弥补自身能力不足，可以采用团队合作的方式来提高能力，形成整体优势。例如在中国共产党历史上，周恩来是一个同时具备三层次能力的人。尤为特别的是，周具有超强的行动能力。而与他合作的毛泽东，又具有超强的精神能力。于是，二人合作，便产生令人惊异的效果。

　　人的能力可以提高，可以改善。除了一些特定的行动能力需要天资外，精神能力和智慧能力以及其他主要的行动能力，都是经后天实践练就而成的。目前社会上的专业补习、辅导和训练，绝大多数都是针对行动能力的提高。比如语言、知识、运动、美术和音乐等。而针对提高精神能力和智慧能力的辅导和训练则很少。精神与智慧能力均需要从年幼时就开始培养。

　　每个人均应该在其终身的修习过程中，不断地提高和改善自己的各种能力，让整个人生更为辉煌。

# 第三十九章　人的资源

人作为生物体，自身拥有的一切，无论是内在的，还是外在的，对他而言，均为个人的生态资源。

人的资源应包括：其内在的各种能力、思想、观念、意识和技术创新力；外在拥有的货币资本、物质财产、知识产权、各种经济收入和权力；以及其他相关联的社会关系，诸如社会支持力量、追随者、人力资源、管理团队、影响力、自然资源等等。

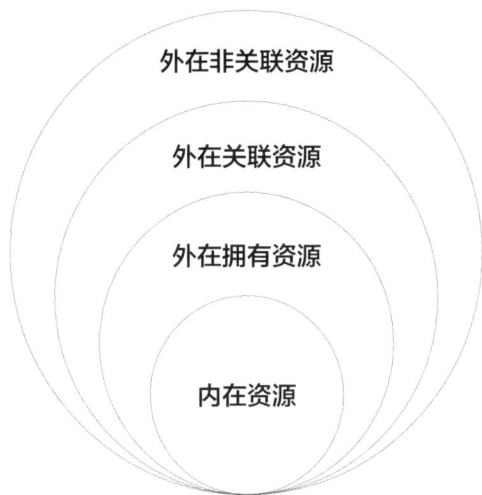

图 39-1　人作为个体生物体的资源划分

按"人"这个生物体为坐标中心来划分，可分为"内在资源"、"外在拥有资源"、"外在关联资源"和"外在非关联资源"。

以人为中心来划分不同的生态资源，是出自于人对世界的观察视角。现实生活中，任何一个人都会以自身作为坐标轴心去观察世界，判断利弊，权衡得失，鉴别敌友。这种资源划分方法，除了哲学上的世界观表述意义之外，也具有较大实践意义。

## 一、生态资源的正与负

正生态资源是有益于该生物体生存、发展和自我实现的资源，也是有益于生态体存在、稳定和持续发展的资源；而负生态资源是不利于生物体或生态体存在与发展的资源。

正负生态资源在人生中到处可见。仅从人的"内在资源"讲，个人的学识、经验、能力、品德、待人接物的方法、沟通技巧、洞察力、影响力等等，其优势方面，可以构成正生态资源；其缺点及造成的不良影响，可能会变成负生态资源。这种近于量化的评价方式，在人力资源考评时较为常见。可以用正负分值的办法具体度量与衡量。

人们拥有的财富和权力，拥有的团队和影响力，拥有的各种物质资料，包括产品和装备，以及拥有的科学技术等等，都可以成为正生态资源。这些资源随着时间的推移，会逐渐形成一个格局，到了一定时机便要发生作用。

一般而言，当正生态资源大于负生态资源时，成功率高，办事较顺利。当负生态资源大于正生态资源时，失败的概率就会相对上升，掣肘人也多，办事时就不大顺。

生态资源的正与负这一原理告诉我们，对自身的条件和状况要有清醒认识，可以用正负概念具体把握。

## 二、正负资源可度量

正负生态资源可以被度量和计算。正负生态资源具有时间性、空间性、可度量性，可以被用于定性分析，也可以被用于定量分析。相对于辩证法及其他思辨式的方法论，正负资源二分法乃有明显的优势。

拿美国政治选举为例。对支持与反对的选民，他们之间的分布、各自数量、占有比例，以及对变化趋势的研究与分析，就是正负生态资源量化关系的一个应用实例。共和党和民主党在各个州有自己的基本选票。但随着总统候选人的造势活动，演讲效果，对新政策内容陈述，对民生关注的程度，对选民意愿的把握，对舆情的引导，对议题抛出的时机，对竞争对手的攻击力度和攻击技巧，以及电视广告的效果等，均会造成一定冲击和影响，选举情况因此就会发生很大变化。通过抽样统计，选情在空间范围的分布图，在时间上的变化趋势，均清晰可见。可以明显地观察到正负资源动态变化的分布状况。

而正负生态资源的作用，最终是通过选民选票，来决定美国总统人选，从而决定美国未来四年至八年的政策走向，也决定了美国这个"生态体"的运行效果。

正负资源可度量的原理告诉我们，要用量化数据和分布状况来把握形势，观察周边事物的变化。

## 三、主导性生态资源

在任何特定的时空内，均有发挥主导性作用的生态资源。对个人而言，其自身和周边，或者是由正生态资源来主导，或者是由负生态资源来主导。在主导资源方面，会有一个或几个特定资源发挥主要作用。

在正生态资源占主导地位的生态环境中，会形成有利于生物体生存发展的条件，扩张和发展成为主导趋势。在负生态资源占主导地位的生态环境中，收缩、退却、自保、转变会成为主导趋势。不仅经济情形如此，政治情形如此，军事情形如此，日常工作中的情形还是如此。所以，人们总是需要不断地去审时度势，计算有利条件和因素，计算不利条件和因素，然后再考虑下一步的行动计划。

主导性资源这一原理告诉我们，要时刻留意周边资源的基本状况，准确判断，做出符合实际情况的决策。

## 四、主导资源中的差异性

在全局与局部之间，资源分布存在很大差异性。在全局起主导方面的资源，在局部很可能是非主导资源。由于资源分布上的差异性，局部之间也应该会有差异性。

这种例子很多。在经济商业项目筹划时，人们看到市场上同类产品已经被居于主导和垄断地位的大公司控制时，就会另辟蹊径，寻找竞争对手并不居于主导地位的小范围内的局部市场。从一个小空间入手，可由小变大，由弱变强。

资源分布的差异性告诉我们，要具体问题具体分析，留意各种机会。

## 五、主导资源的变化性

资源的主导性质不是固定的，它处于经常性的变化之中。今天是正资源主导，一段时期后，便会是负资源主导。

美国政治选举就是很好的例子，政治形势几年就变，掌权的位子轮流坐。

主导资源的变化性告诉我们，要观察变化，促进变化，引导变化，要走在变化前面。

## 六、资源的限定性

生态资源的正与负，具有时间、空间、角色、范围和属性的限定性。超出限定的范围和条件，正生态资源可能变为负生态资源，负生态资源可能变为正生态资源。

例如水，人类须臾不能离之。但水也能兴起祸害。洪水摧毁家园，人能在水中溺死。为了能够兴利而又避害，人们就修水库，通河道，建水塔，铺管道，把水限定在可利用范围内，既服务于人类，而又不再危害人类。水资源为正或为负，在于限定范围。

人力资源也一样。每个人均有优点或缺点，需要量材使用。根据人才特点，放到适当的岗位上，发挥各自作用，就可以达到兴利除弊的效果。如果用人不当，便会造成损失，甚至形成祸害。人力资源为正或为负，在于使用。

资源的限定性告诉我们：要注意把角色位置摆正，把各种资源限定在特定的空间、时间、角色和属性范围内；要注重道义和义务关系；要充分利用周边的资源，促进正向转化，防止负向转化。

## 七、资源的积累与离散

积累与积聚正生态资源，消弭与离散负生态资源，应该见诸每时每刻的行动。只要持之以恒，定会成效于未来。

正负生态资源范围应该包括人体内在资源，诸如人的能力、意识、观念和思想，也包括自身的外在资源。决策在资源转化过程中作用极大。

讲一个真实的故事。美国芝加哥市中心有家中国餐厅，老板是一位来自广东的中国移民，他的英文名字是哈佛（Harvard）。1936 年，哈佛 3 岁时与母亲一起，乘渡轮横渡太平洋，来到美国与作为劳工的父亲阖家团聚。没想到的是，来美国不久后，哈佛的父亲便去世了。哈佛母子俩只好相依为命。那时，母亲天天去洗衣房做工，靠辛勤劳动所挣的微薄工资，养家糊口。这位可敬的母亲，不但把哈佛拉扯大，还让哈佛读完大学，获得注册会计师资格。后来，哈佛结婚成家，生儿育女。再后来，他的子女们也均完成大学和研究生教育，成为医生和律师。那时，每谈及此，哈佛便颇为骄傲。哈佛与他母亲一道，在逆境中奋发图强，成功地改变了身边的负资源，从受人歧视的贫穷孩子，变成一位受人尊敬的专业人士和餐厅老板。

正当哈佛踌躇满志时，负资源开始向他悄悄地靠拢。芝加哥当地餐厅的老板们挣了许多现金，但他们不愿意把钱存到银行里，于是被人聚在一起，进行经常性的赌博。在诱惑下，哈佛很快地就沉湎于赌博的快感中，没有意识到事情的危害性。不久，他做了错误决策，竟然决定正式加入赌博群体。后来，哈佛输了许多钱，房子卖掉了，妻子与他也离婚了。哈佛身边的正资源很快地散去，负资源越来越大。最后他负债累累，餐厅也开不下去了。不久，在贫病交加中，哈佛离开了人世，年仅59岁。

这说明：正生态资源的积累可以兴起一个家庭，使家庭成员们走向辉煌；负资源的集聚同样也可以毁灭这个家庭，毁灭人生。

正生态资源的积累和集聚，还会兴起一个王朝；正生态资源离散或者离去，同样也会衰败一个王朝。

唐玄宗李隆基采取的一系列有效措施，使唐朝的政治、经济、文化都得到新的发展，超过了他的先祖唐太宗，开创了中国历史上盛世繁荣——开元盛世。但在这之后，唐玄宗开始满足了，沉溺于享乐之中，没有了先前的励精图治精神，也没有改革时的节俭之风了。正直的宰相张九龄等人先后被罢官，李林甫、杨国忠相继爬上相位掌权，致使政治黑暗。自宠幸杨贵妃后，唐玄宗带动起来的奢侈风气充斥在朝廷内，弥漫到朝廷外，越来越盛，终于爆发了安史之乱，唐朝由此转衰。唐玄宗李隆基在位的后期，沉湎酒色，荒淫无度，重用奸臣，政治腐败，导致负生态资源急剧形成，正生态资源快速退去，唐朝从此逐渐走向灭亡。

不断积累并维持住正生态资源，于国，可以兴邦利民，长治久安；于人，可以成功安康，颐养天年。

积累或集聚正生态资源，同时减少负生态资源，应该融合进日常行动，成为长期方略，而不必去介意其功利效果。实至必会名归。

当林木参天，绿荫成片时，你自然能体会到它们的价值，享受着生态资源带来的回报。

图 39-2　正生态资源的积累与回报

## 一·养生篇·一

养生（Regimen）是指运用一系列方法，维持身心健康。

养生可以大致分为心理养生和生理养生两个方面。生理养生还可以再细分为饮食与运动两个方面。

养生的原理与生态体的运行原理是一样的。因为人的身体本身就是一个完整的生态体。

心理养生与人体中的中枢神经系统和内分泌系统关联较大。

生理养生与人体中的运动系统、消化系统、呼吸系统、泌尿系统、生殖系统、内分泌系统、循环系统、皮肤系统和经络系统等关联较大。

心理养生的秘诀就是三个字：通、衡、静。

饮食养生的秘诀也是三个字：通、衡、适。

运动养生的秘诀还是三个字：通、衡、动。

它们的共同之处在于"通"与"衡"这两个字。通是指"运行通畅"（运通）。衡是指"协调平衡"（协衡）。运通与协衡是生态体运行的规律。

而它们的不同之处，则在于"静""适""动"这几个字上。其方法的差异性，主要来自于养生所针对的这些特定的体内系统，来自这些系统本身的运行特征，及它们在身体中应发挥的功能作用。

养生集人类几千年的知识和智慧，还需使用现代化检测手段和科学研究最新成果。所以，养生需要专业性的指导与帮助。

# 第四十章　心理养生

心理活动又可同时分为思维活动、情绪活动和思想活动三种形式。

思维活动主要是大脑的活动。大脑与脊髓共同构成人的中枢神经。中枢神经加上周围神经就是人的神经系统。思维活动需要神经系统，包括感官和末端神经，输入进来的各种信息，并且需要把信息进行处理和储存，然后再输出信息。

情绪活动是人的全部神经系统，并协同人的内分泌系统和运动系统，而发生的一种综合性的心理与生理活动。例如人遇到危险，心跳加快，血压升高，跑得飞快。人受到爱情刺激，就会脸发红，局促不安，以及产生其他生理反应。人高兴时，就会有明显的面部表情，并伴之手舞足蹈的身体活动。

思想活动是人的个体思维活动，经观念化、程序化与模式化之后，再用来与其他人进行交流的一种心理活动。思想活动对人的社会行为，具有极大的指导、规范和推动作用。

心理养生方式可以概括为通、衡、静三字诀窍。所以，心理养生诀窍就应该同时包括思维、情绪、思想三方面的活动。图 40-1 是心理养生内容提要：

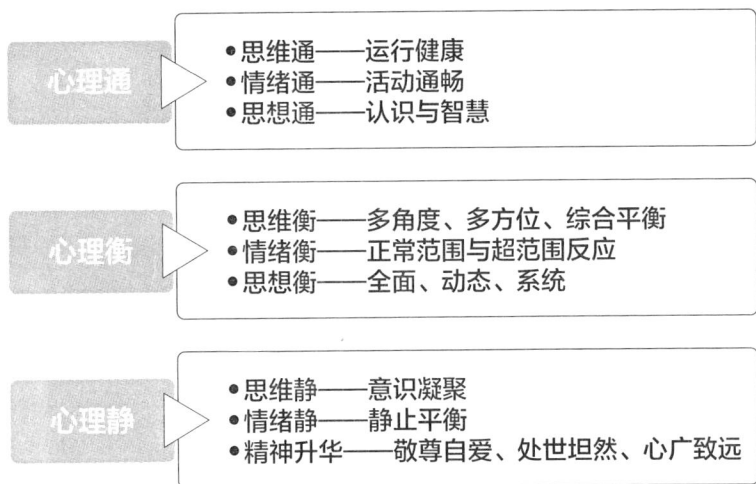

心理通
- 思维通——运行健康
- 情绪通——活动通畅
- 思想通——认识与智慧

心理衡
- 思维衡——多角度、多方位、综合平衡
- 情绪衡——正常范围与超范围反应
- 思想衡——全面、动态、系统

心理静
- 思维静——意识凝聚
- 情绪静——静止平衡
- 精神升华——敬尊自爱、处世坦然、心广致远

图 40-1　心理养生内容提要

## 一、心理通养生

"通"是指运行通畅，即心理活动要运行通畅。

心理通可以分为：思维通、情绪通、思想通三个方面。

### 1. 思维通

思维通，是指在思维或思考活动中，应注意让中枢神经系统运行通畅。

人们经常会遇到这种情况：思考一个问题遇到障碍，百思不得其解，甚至因此会引发烦躁、焦虑、头痛等症状。再例如：阅读一本书，迟迟不能理解，或者虽然读懂，但记不住，并会产生注意力分散、心思不宁、烦躁不安等现象。出现在思考与记忆活动中的这些障碍，就是思维活动受阻，思维不通。

从心理养生角度处理，这时就需要停下来，缓和一下紧张的大脑，干点别的事情，看看其他地方，或者干脆去睡觉。这之后，有时间再去考虑。也许灵光一闪，瞬间有了感觉，有可能找到解决办法。中国一位参加大学入学考试的学生有过亲身体会。在数学考试中，他遇到一道难题，不知如何解答，只好先放过去。待完成其他题目后，他又转回来继续思考，翻来转去，还是不得其门而入。有心放弃，又舍不得，该题占20分，比重太大了。于是，他又尝试了其他办法，但仍然不行。此时他头脑开始发懵，意识变成一片空白。后来，决定不再想了。他把目光转向窗外的景色。看操场地上的雪融化后，变成一摊摊的水，喜鹊在雪水旁边跳跃。突然间，他灵光乍现，产生一个新想法，按这个思路，很快就把这道难题解答出来。最后，该次考试他得了高分。

许多创新性思路也是这样产生的。前一天思考得头脑发胀，似乎已经进了死胡同，只好停止工作，先去休息。待睡到第二天早晨，刚刚醒来，突然有了想法。新思路就会如泉涌般地出现。

人的中枢神经系统总是在周而复始地运行。一旦受阻后，继续硬挺下去会出问题。轻则郁闷，重则生出心理疾病。所以，采用转换方式的方法，让大脑继续轻松的运行，维护其通畅，不失为一个重要方法。

对待记忆受阻也可以采用同样办法。在办公室和图书馆阅读均看不进去，记不住了，就可以到花园里，或者去郊外走走，换一个环境，让大脑缓和一下，记忆力也许会恢复。

思维通是良好情绪前置条件，也是维护健康主要方法。

总之，确保思维通畅是心理养生的一个重要原则。

### 2. 情绪通

人有喜、怒、忧、思、悲、恐、惊等各种情绪。

情绪主要是人对外界事物运行状况感知后的心理体验，常常伴随着各种生理反应。例如，惊喜后产生的激动；因受攻击变得愤怒后产生的报复心理，等等。情绪也可能是对自身体内运行状况感知后的心理体验。例如，疾病症状带来的恐惧，月经期带来的烦躁，等等。

情绪是整个神经系统运行的结果，包括感官和末端神经的感知，大脑皮层和中枢神经的活动，并且还会引发内分泌系统连锁反应。所以，情绪对人体的影响大，反应速度非常快。例如：愤怒不仅会使人心跳立刻加快，血压快速升高，而且严重的，还会引发脑溢血。重度惊吓，会使人的体液失禁或昏厥。

不良情绪和恶劣的心境，能使人短命夭亡。例如：忧虑、颓丧、惧怕、贪求、怯懦、嫉妒和憎恨等。

不良情绪会造成重大心理与生理障碍，需要设法排除。例如有的人怕在众人面前讲话。一上讲台就哆嗦，脑门冒汗，舌头发僵，产生了讲话的恐惧感。这时，就需要排遣紧张情绪，让心情缓和下来。

让情绪顺畅的办法很多。每个人都会选择适于自身的具体方式。例如：用大哭一场来宣泄心中的委屈和悲哀；用大声说话来宣泄心中的愤怒与不平；用跑步、走路或劳动等体力活动，来排解失望、后悔、愤恨的负面情绪影响；用退让或离去来避开争吵与无谓的辩论；用转移视线来消解在高处的恐惧感；用旅游、听音乐、社交来摆脱悲伤，等等。

客观讲，为了保障情绪通，实现心理养生目标，除了个人自身的努力外，专业性的指导与训练仍然不可缺少。

### 3. 思想通

从客观规律方面而言，人的思想首先应该来自于实践，需要结合实践不断地学习、思考和研究，再用以指导实践。在实践中，人们能够验证思想的正确性，并且还可以从实践中再次吸取更多的营养成分，以此而不断地循环往复，形成符合客观事物实际状况的正确思想。这就是思想通运行的基本模式。

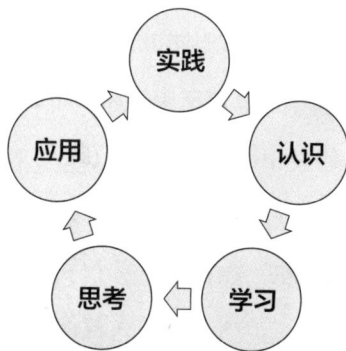

图 40-2　思想通运行基本模式

可是，现实生活中，人们不会完全遵守客观规律。多数人喜欢采取简易办法，省略了实践与思考环节，直接套用他人现成的观点、现成结论和行为模式的办法，去应对眼前事务，因为这样更为快捷和容易。这样，久而久之，许多人的思想开始变得较为固定化、模式化、程序化。不必通过实践与思考，只要把现成的思想一套用，就可得出结论。

这种简易思维方法已经渐渐地成为社会主流方法。例如，在大学里，一些教授会引经据典，引述美国经济学家的观点，拿拉丁美洲的例子作为证据，然后得出结论，中国如果不这样做，就会如何如何。整个分析过程中，看不到该教授对中国情况的调查与研究，看不到对理论观点的分析与思考。大学教授都这样示范，普通百姓更会怠于思考了。长此以往下去，人际交流的思想将会受到严重阻碍或短路。社会主流思想就会与实践脱节，与客观规律背离，进而会导致普遍性的思想僵化。最终，社会将走向没落。

在历史上，这种因思想教条和僵化而导致失败与衰落的实例很多。例如：中国清朝在鼎盛时期开始的闭关自守，并大兴文字狱，最后致使整个王朝崩溃，民族衰落。基督教在中世纪对欧洲的黑暗统治也是如此。

20世纪二三十年代，中国共产党党内的左派就曾经认为，苏联通过中心城市的武装暴动而夺取政权的经验很好，中国应该效仿。最典型是城市中心论和李立三"左"倾冒险主义。

再例如：21世纪初叶，美国社会在人权保护方面取得重大进展。于是美国政府把它视为自身的一个软实力，决定把人权、民主和自由的价值观向中东和北非地区推广。结果造成战乱不断，出现了大量难民、移民问题。人们现在已经看到，美国式的价值观念与行为方式，不仅没有给这些国家带来和平与发展，反而让当地人民遭受了种种苦难，并殃及欧美百姓。

这种从观点到观点，从概念到概念的简单化的思想方法，开始被美国人民所嘲弄，把它称为"政治正确"（Political Correct，简称PC）。

历史的教训十分沉重。所以心理通修养的重要内容之一，就是要关注思想认知与实践间的循环通路，不要人为地中断或阻塞。

本书中有关修习智德的方法，也同样适用于思想通的修养。

## 二、心理衡养生

"衡"是指运行协衡，即心理活动运行要协调与平衡。

心理衡也可以分为：思维衡、情绪衡、思想衡三个方面。

### 1. 思维衡

思维衡是指多角度、多方位、多方面的平衡式思维，这种思维方式比较全面，效果好，对心理养生则十分有益。

换角度思维在实践中用途很大。例如，作为一个销售人员，从自己角度思考是怎样尽快地卖出产品，好拿到佣金。如果他急于成交，反而会让对方警惕或反感，变成欲速则不达。正确的办法，应该是从买方（客户）角度进行思考，要为他的最佳利益和需要着想，用行为体现出善意，要去帮助客户，为他提供各种服务，包括信息服务。当销售人员和客户间，建立信任关系后，再去找机会促进销售。这样做，成功概率要高得多。

下棋打牌也一样。你不仅要发现对方的弱点，从自身角度考虑应如何战胜对方？同时也应了解对方的心理，从对方角度观察自身的弱点，考虑对方会怎样采取行动来对付自己。这样一来，你才可以准确地预测走势，成功的概率就会大大地提高。

军事对抗也一样，知己知彼，战无不胜。

换位思考在生活与工作上非常重要。家庭生活中仅从自己角度考虑，不理解对方心理，就会争吵不断，矛盾不断。工作中，如果仅从自己位置上考虑，不顾及其他岗位，不从上级领导角度或下属角度观察考虑，就会想不开，闹情绪，钻牛角尖。因此而影响了团结，影响了工作，也影响了自身的心理健康。

思维衡还要求兼顾各方面情况，从中找到体现整体运行平衡的办法。例如，法官审判时要悉心听取起控辩护双方的意见，审查各种证据，然后才能做出公正的判决，兼听则明。此外，还要注意思维恰当，不要偏激。事情做得不到位，与做得太过火了，一样都是错误的。即所谓过犹不及，矫枉过正。

所以说，思维衡是心理修养的重要内容。

## 2. 情绪衡

人的情绪是人与外界沟通过程中的心理和生理反应。情绪对人作用的好与坏，要看它是否偏离协调平衡状态的范围。在协衡状态范围内，就属于正常情绪。偏离了协衡状态范围，就属于不良情绪。人们可以把各种情绪的反应强度，实行数量化分级，从而测算出协衡状态时，合理范围的区间值。

人的情绪无好坏之分。喜、怒、忧、思、悲、恐、惊等情绪反应，都是人的正常体验。这就像酸、甜、苦、辣、咸一样，都是人生的正常体验。每个人偏好可能不一样。有的喜欢甜味，有的喜欢酸味，有的喜欢咸味，有的喜欢辣味，还有的喜欢苦味。但是，所有人对味觉，都会有一定的限度要求。过甜，过酸，过咸，过苦，过辣，就不好了。

对情绪的体验也是一样。有的人喜欢喜剧电影片，有的人喜欢悲剧电影片，还有的人喜欢惊恐电影片。有的诗人喜欢感伤，有的诗人喜欢豪壮。萝卜青菜，各有所爱。每个人对一定情绪的偏好是不同的。但过度的情绪反应，一定会对身体产生危害，而且对人际关系也会有危害。

情绪对人的各种状态是必要的。在体育比赛中，需要一定的情绪状态或兴奋状态，才能赛出好的成绩。但是，若是人过于兴奋了，则会带来副作用，使技术失准。在学习和考试时，也需要一定的情绪状态，才能产生好的效果，但过于紧张或兴奋，也会有不良结果。

对焦虑进行的研究也表明，员工在适中的紧张情绪状态下的操作水平较高；而在身心完全放松，或者在高度紧张情绪状态下，员工的操作水平会较低。

在情绪衡修养与培训中，可以通过个性化的测试，例如戴一块电子测试手表，来确定适合个人的情绪协衡状态范围。

　　情绪使我们的生活多姿多彩，同时也影响着我们的生活及行为。当出现不好的情绪时，最好加以调节，不要让情绪给自己的生活及身体带来坏的影响。

　　调节情绪的方法很多，例如用心理暗示法、注意力转移法、自我安慰法、心境升华法等等。调节情绪关键，就是不能让情绪过于亢奋。例如，当你得知某件大喜事时，你要暗示自己，注意喜事可能带来的副作用，不要乐极生悲，等等。使自己不至于因为过于高兴，而有损身体健康。当愤怒情绪发作时，则要考虑后果，想想发怒对身体的危害，那等于是在用别人的错误惩罚自己，等等。从而将不良情绪控制住。当你受到巨大挫折，且又万分沮丧时，想一想你具备的优势和各种可能选择。总之，设法不要让情绪偏离正常范围。

　　**3. 思想衡**

　　思想衡是指：第一，思想要客观、全面，要兼顾，不能偏执走极端；第二，要看到事情产生的特定原因，要从历史与运行的动态过程中去理解与把握；第三，要看到与其他事物的关联关系。

　　这里涉及机理论。机理论要求从所处的机体整体关系中来把握。要识别局部或部分，在整体中的特定位置与功能作用。然后，再发现机制关联关系。在运行动态中，在所处的系统的前后运行环节中，在与其他系统的关联关系中，来理解并把握该事物与特定现象。既不要偏执与极端，也不要静止与孤立。

　　例如，我们如何看待美国的民主与自由？一方面，我们要看到它的优点与积极之处；另一方面，我们也要看到它的不足与消极之处。同时，我们还要理解它的由来及历史沿革。要知道美国建国后怎样地扩张，如何占领印第安人的土地并与墨西哥发生战争？要知道美国什么时候将黑奴解放？又到什么时候才消除种族隔离，而给予黑人和其他少数族裔以平等的权利？再有，我们还要看到美国在国际关系中的地位变化，看到它的国内政治与经济间的关系，以及政治与国际贸易及国际投资间的联系。这样，我们对美国的民主与自由的思想认知，就会比较全面。当然，我们也可以用同样的方法去分析中东国家，以及其他国家。

思想衡也是心理修养的重要内容之一。

## 三、心理静养生

心理"静"养生是指：当思维、情绪和思想同时处于安静状态时，内心体验着升华的精神意境。

心理静实际上是心理衡的一种高层次体验。静就是一种特定平衡状态，是处于完全平衡时刻的状态。因为事物总在运动，会在平衡点之间上下浮动或是螺旋式运行。静，则可以理解成是那种处于平衡点时刻的平衡状态。

心理静是一种特定心理和精神状态。虽然该状态不会持续较长时间，却需要进行经常性的修习。心理静对心理养生的效果明显。如果再与运动融合起来，效果更佳。

实践中，最好把心理静养生与"敬尊自爱"和"处世坦然"这种精神层次上的道德修炼结合在一起，共同修炼。

心理静是一种功夫，需要经常修炼才能掌握。可以采用每天入静一两次的修炼办法，每次 15 分钟至 30 分钟（包括预备程序）。

以下简单介绍一下练习的过程和要领。当然，具体修炼时，还需要老师来指导。

练习顺序是：先守上丹田，然后，将意念慢慢下移到前丹田，再守住前丹田。意守过程中应全身放松。

### 1. 预备程序

为了将身体放松，可以增加在修炼开始前的热身办法。热身程序是：用意念想象着集中到头顶，凝聚一会儿，然后意念从头顶开始下行，经过颈部、胸部、腹部分开至大腿，再沿腿部到脚底。如此往返运行几次，也可以通过背部运行。意念运行速度要慢些，直至全身完全放松。

### 2. 意守上丹田

将意念凝聚在上丹田穴位（两眉之间），可用意念想象，每次修炼持续 3 分钟至 5 分钟。修炼中要将思想放空，身体放松。摒除任何杂念与恶念，把意念守住，放在上丹田穴位。这种心理上的暗示与入静方法，可以提升精神境界，增加个人在精神层次上的能力。

### 3. 意守前丹田

在意守上丹田之后，将意念慢慢下移，同时注意调整呼吸。然后，再将意念凝聚在前丹田穴位（肚脐处），共持续 10 分钟至 20 分钟。

修炼中要将思想放空，身体放松。要摒除任何杂念与恶念，把意念守住，放在前丹田穴位。意念不要分散，不能到处转，一定守住前丹田穴位。

注意：在意守前丹田内视和修炼自己时，容易产生气功感应，造成内动或外动。所以必须要在专业人员指导下练习。自己不要随意练习。

静是心理平衡与精神升华的一种境界。应该持之以恒，不断修炼，用以改变人的行为方式和思想方式，最终进入精神与道德至臻完善的最高境界。

心理养生的核心就是平衡。不但心理衡讲的是平衡，心理静讲的是平衡，而且心理通讲到底，也是一种心理平衡。"通"是指运行过程中前后环节间的贯通。系统中各环节间保持平衡，就可以达到运行通畅的效果。

# 第四十一章　饮食运动

生理活动是一种物质的新陈代谢过程，一般情况下不受中枢神经的支配。人们无法用大脑或神经系统，去直接控制自己体内各种器官组织的运行活动。例如，大脑无法去指示血液如何流动，指示营养怎样吸收与配送，等等。但是，人的大脑可以控制物质资料的输入与排出，大脑可以控制人的肢体运动和休息。

所以生理养生的主要方法，就是要通过对饮食的调节，来达到养生保健康的目的；通过对人体运动锻炼并兼顾休息的办法，来促进健康地生活。

生理养生经验很多。这个领域已经汇集了人类数千年乃至数万年的知识，并且还在不断地研究与更新。可以说，生理养生博大精深，很难讲得十分清楚透彻。表述起来不免会挂一漏万。所以，这里只能采用分享的方式，扼要谈些心得体会。

下面分别谈谈饮食养生和运动养生的窍门与方法：

# 一、饮食养生

饮食养生的秘诀也是三个字：通、衡、适。

## 1. 饮食通

人的身体是由多系统组合构成。这些系统运行方式不一样，有的采用半开放式，例如消化系统、呼吸系统、泌尿系统等；有的采用闭循环式，例如心血管系统、免疫系统、经络系统等。但是，它们有个共同特点——系统循环必须通畅。如果系统运行不通畅，就会疾病丛生，健康立刻受到影响。

以消化系统为例。消化系统的基本功能是消化从外界摄取的食物，吸收各种营养物质，维持人体的新陈代谢，并将未被消化和吸收的食物残渣经肛门送出体外。

消化系统由消化道和消化腺两大部分组成。消化道：包括口腔、咽、食道、胃、小肠、大肠和肛门等部分。消化腺有小消化腺和大消化腺两种。小消化腺散于消化管各部的管壁内，大消化腺有唾液腺、肝和胰。消化腺分泌唾液、消化液和润滑液，用于消化与吸收。

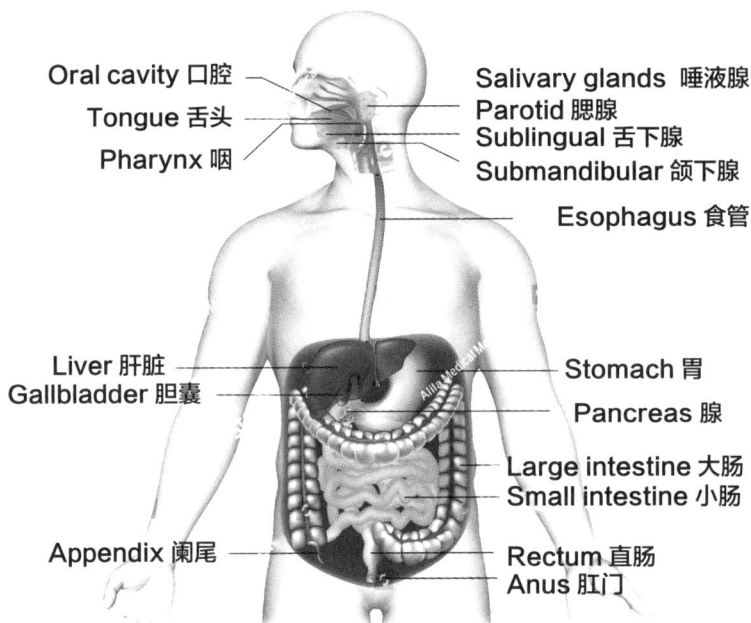

Oral cavity 口腔
Tongue 舌头
Pharynx 咽

Salivary glands 唾液腺
Parotid 腮腺
Sublingual 舌下腺
Submandibular 颌下腺

Esophagus 食管

Liver 肝脏
Gallbladder 胆囊

Stomach 胃
Pancreas 腺

Large intestine 大肠
Small intestine 小肠

Appendix 阑尾

Rectum 直肠
Anus 肛门

图 41-1　人体的消化系统

　　食物在消化管内被消化的方式有两种：一是通过消化管肌肉的运动来完成的机械性消化，其作用是磨碎食物，使食物与消化液充分混合，以及推送食物到消化管的远端；二是通过消化腺细胞分泌的消化液来完成的化学性消化。消化液由水、无机盐和有机物组成。有机物中最重要的成分是各种消化酶，它们能分别将蛋白质、脂肪和糖类等物质分解为小分子物质，以便让人体吸收。这两种消化方式是同时进行，相互配合的。

为了帮助消化、吸收和排泄，达到运行通畅的要求，人们就要选择性地多吃水果、蔬菜和粗粮等有利于润肠通便的食物，并且还要有目的摄取一些含有益生菌的食品，例如酸奶和奶酪，以帮助消化和排泄。

饮食对人体各个系统运行都有显著影响。例如，选择性食用含不饱和脂肪酸的鱼或鱼油、大蒜和洋葱，能帮助排除血管"垃圾"，降低胆固醇，降低血液黏稠度，增强血管弹性，对心血管系统循环通畅有很大助益。

饮食对将体内垃圾和毒素的排泄，例如对呼吸系统、汗腺和泌尿系统的运行，也有很大作用。人必须要维护住体内新陈代谢的通畅。这也是人体健康的要旨之一。

此外，人体中还存在着一个完整的经络系统。经络系统与心血管系统作用相似，均是为向人体各个部位输送营养，并同时运走垃圾的运输通道。心血管系统是管状通道。它像轨道运输一样，采用封闭式方法，形成像高速铁路、普通铁路、城市铁路和地下铁路一样的完整体系。而经络系统呢？则像是道路运输。其中有主通道、分通道和社区通道，一直通到每个人体细胞的"家门口"。经络系统是开放性的通道，与人的机体组织生长在一起，辨认起来难度较大。但它已经被证明是确实存在的。

经络学说是中国传统文明对人类社会的一大贡献。经脉和络脉是经络系统的主体，由十二经脉、奇经八脉、十二经别、十五络脉、十二经筋、十二皮部共同组成。经络系统的循环与运行需要通畅。不通畅就会有病，甚至会有致命危险。而饮食对经络系统的存在与运行，则至关重要。

## 2. 饮食衡

在致力于控制质量，维护生态环境的前提条件下，人类食品种类应该丰富一些，以保证人体营养的均衡。

在当代医学条件下，人们已经有能力科学地控制饮食平衡。例如，体检化验报告可以明确地指出：哪项指标超出正常范围？人体中哪些维生素和矿物质不足？例如化验报告可以告知：胆固醇指标偏高，同时，维生素 $D_3$ 和 $B_2$ 偏低。这样，就可以有针对性地做出饮食安排。少吃鸡蛋黄、虾米、牛肉和猪肉等高胆固醇食品，多摄取植物性蛋白质。同时还服用些维生素 D3 和 B2 营养补充剂。生活中，人们还可以咨询专业人士，主动调整食谱，保持营养均衡。

此外，还有一种更为深奥的饮食平衡方法，我们把它称为饮食整体平衡法。这就是根据中国藏象经络学说来实行的饮食养生法。

整体平衡法强调，人体本身与自然界是一个整体，同时人体结构和各个部分都是彼此联系的，饮食应该在人体内部整体间的平衡上发挥作用。

藏象经络是以研究人体五脏六腑、十二经脉、奇经八脉等生理功能、病理变化及相互关系为主要内容的学说。

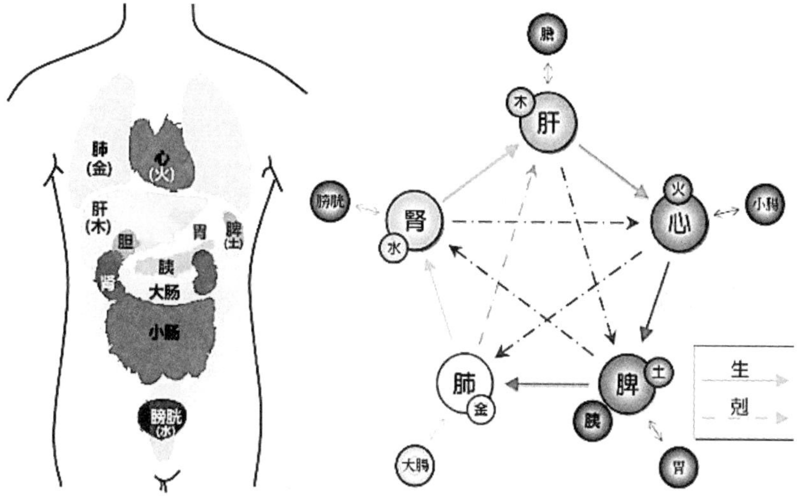

图 41-2　人体的五脏六腑图示

　　脏和腑是根据内脏器官的功能不同而加以区分的。脏，包括心、肝、脾、肺、肾五个器官（五脏），主要指胸腹腔中内部组织充实的一些器官，它们的共同功能是贮藏精气。精气是指能充养脏腑、维持生命活动不可缺少的营养物质。腑，包括胆、胃、大肠、小肠、膀胱、三焦六个器官（六腑），大多是指胸腹腔内一些中空有腔的器官，它们具有消化食物、吸收营养、排泄糟粕的功能。概括起来，可以把它们简称为"五脏六腑"。

　　十二经脉具有运行气血、连接脏腑内外、沟通上下等功能。无论感受外邪或脏腑功能失调，都会引起经络的病变。奇经八脉只是人体经络走向的一个类别。

藏象经络学说的主要特点，是以五脏为中心的整体观。以脏腑分阴阳，一阴一阳相为表里，脏与腑是一整体。比如，心与小肠、肺与大肠、脾与胃、肝与胆、肾与膀胱以及心包与三焦相为表里。在藏象学说的指导下，研究膳食饮料对各个藏腑的保健养生方法，非常有益。

现代人工智能技术，已经有能力用设备直接检测人体的藏象经络，并提出有针对性的食谱，来平衡人体的脏腑关系，达到保健养生的目的。

### 3. 饮食适

饮食需要适合于个人的特点和需要。无论是有目的地摄取适合人体特定系统的功能食品，还是调节体内五脏六腑之间平衡的食谱，都是针对具体人与具体状况而言的。所以饮食适的含义就是说：健康的饮食应该个性化，须适合于每个人在特定状况下的特定需要。

饮食摄取需注意营养的平衡，但也应适量，控制好体重，营养也不能过剩。

人的性别、年龄、身高、体重、活动量、偏好和习惯不一样，对食物的要求也会不一样。天生的差异性，必然会使人的饮食需求不可能一致。

另外，人的体质对不同的饮食有不同的过敏性反应，用餐时会单独提出要求，或者点餐时会避开引发过敏的食物和饮料。诸如辣椒、海鲜、花生以及高面筋食品等等。这些都为饮食的个性化提出要求。

恰当的饮食及营养补充，不仅可以维护健康，预防疾病，帮助康复，而且还可以在许多疾病的治疗过程中也发挥着重要的作用。

特别是在对慢性退行性疾病的治疗上，健康的饮食营养能发挥积极作用。在许多情况下还具有显著的功效。诸如对心血管疾病、糖尿病、骨质疏松症、关节炎、癌症、免疫系统疾病、消化系统疾病、肝脏疾病、过敏性疾病、男性和女性疾病等，以及在对眼睛、皮肤、大脑、情绪、睡眠、体重、衰老等方面的治疗与康复过程中均如此。

信息技术近年来也有了长足的进步，开始涉足健康领域。智能化手表可以直接检测或采集到个人健康的动态数据。对这些个体的数据的传输、处理，提供咨询和制定解决方案，将为健康饮食个性化提供新的前景。

追求健康长寿是人类与生俱来的需求。饮食养生应该成为人类共同的行为方式。

本节内容可以简要地表述如图 41-3 所示：

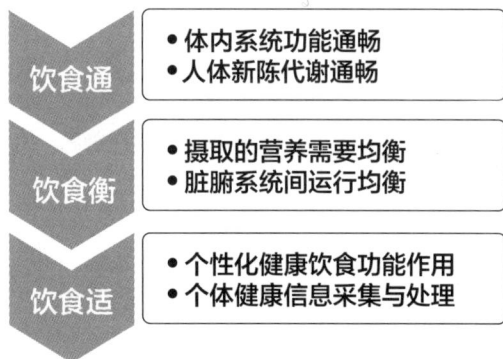

| 饮食通 | • 体内系统功能通畅<br>• 人体新陈代谢通畅 |
| 饮食衡 | • 摄取的营养需要均衡<br>• 脏腑系统间运行均衡 |
| 饮食适 | • 个性化健康饮食功能作用<br>• 个体健康信息采集与处理 |

图 41-3　饮食养生概要

## 二、运动养生

运动是指人的四肢与身体的活动，其中包括在生活、劳动和工作中的各种肢体活动以及体育运动和旅行游玩过程中的肢体活动。

运动养生的秘诀还是三个字：通、衡、动。

### 1. 运动通

人体的运动和锻炼活动要行得通，即个体人对该项活动，能够做，可以做，适合去做，也愿意去做，并尽可能地做正确，做好。

每个人的体质状况不一样，志趣爱好不一样，应该在多样化的活动方式中进行选择。也可以多听听他人和专家的意见，再由自身决定。

运动还要对自身有益，有利于健康，有利于个人发展，有利于履行社会角色职责和使命。因此，在选择运动项目或者安排活动时，一定要权衡好利弊得失。

例如，一个人喜欢游泳，年轻时还拿到较好成绩。但是，后来发觉，较低水温会使他肾脏功能受损，所以只能停止该项锻炼活动。这之后，他仍然喜欢在水边散步，在泳池边的躺椅上晒太阳，眷恋着往日游泳运动带给他的欢乐。

### 2. 运动衡

运动应该保持平衡。各种健身活动之间需要一种平衡。锻炼与休整间要平衡。要注意把握健身活动的时、量、度，以及身心之间的平衡。

适时——运动的时间段要与人体自然活动规律相符合。

适量——运动的量要达到个体心身最佳适应次数，不要过多，也不要过少。

适度——运动的度要适合个体心身最佳适应限度，不能过大、过于强烈，也不能过小，使之效果不彰。

愉悦——运动时要使个体心身保持轻松、舒畅的整体愉悦状态。心情不好的情况下，切勿练任何静功——诸如气功和瑜伽等锻炼。

此外，在劳动与体育之间，劳动与休息之间，均要保持平衡。

在工作与生活之间也要保持平衡。并注意在睡眠与日常活动间保持平衡。

太极拳运动是一种综合平衡式的运动项目。太极拳动作柔和、圆活畅通、速度较慢，拳式并不难学。运动中，可以调整架势的高或低，控制运动量的小或大。所以能适应不同年龄与体质的人的需要。太极拳是一种内外兼修的体育运动。除了外在肢体活动外，还可以与气功结合起来，打拳的同时调整呼吸，调整身体和调整意识，即调息、调身与调意。

人的运动也需要与自然界的运动变化相协调。要注重日行夜息的规律，以及冷、热、风、湿对身体的影响。自然界中，春、夏、秋、冬四季节令的变化，无时无刻不对人体发生影响。这就要求人对自然有很强的适应性，以此来保障人体的内环境与自然界这个外环境之间的平衡一致。

## 3. 运动动

运动的最基本特征就是动。所以，运动应该持之以恒，贵在坚持。

人的肢体活动是与生俱来的本能。在母腹中的胎儿，以及出生后的婴儿，他们的肢体中的一部分总是会处于运动当中。即使到了老年，行动艰难，甚至卧在病榻上时，人也需要活动。生命就在于运动。

图 41-4　生命在于运动

从原始社会，到高度发达的现代社会，以至进入到即将来临的生态社会，运动始终都是人类不可缺少的、最基本的生存与发展本能。

用活动身体的方式维护健康、增强体质、延长寿命、延缓衰老，是生理养生的主要方法。

本节内容可以扼要地表述如图 41-5 所示：

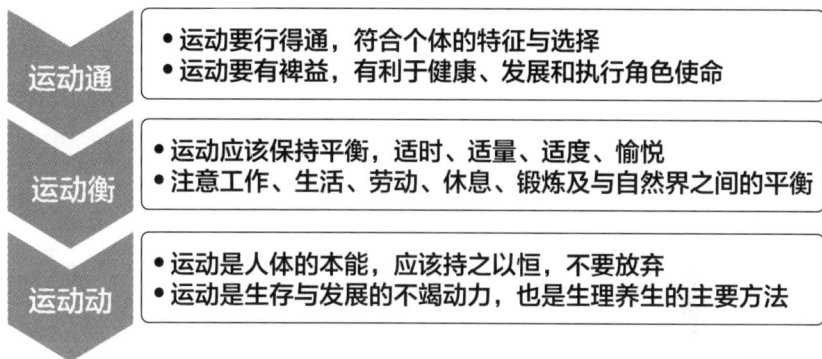

| 运动通 | • 运动要行得通，符合个体的特征与选择<br>• 运动要有裨益，有利于健康、发展和执行角色使命 |
| 运动衡 | • 运动应该保持平衡，适时、适量、适度、愉悦<br>• 注意工作、生活、劳动、休息、锻炼及与自然界之间的平衡 |
| 运动动 | • 运动是人体的本能，应该持之以恒，不要放弃<br>• 运动是生存与发展的不竭动力，也是生理养生的主要方法 |

图 41-5　运动养生概要

　　追求健康长寿是人类与生俱来的需求。在智能信息技术支持下，个性化专业养生服务的时代正在到来。

## ○○ 后记 ○○

　　《人类的使命》是一本老少咸宜，雅俗共赏的书。它可以为儿童启蒙，为少年求知，为青年立志，为成年立业，为壮年建功，为老年养生。它可以作为人生旅程中的终身伴侣。

　　《人类的使命》一书共分三大部分九篇四十一章。第一部分主要是说明人与自然界之间的关系，包含了世界篇、生态篇和信仰篇，共十八章。第二部分主要是说明人与社会之间的关系，包含价值观篇、伦理道德篇、明伦篇和修德篇，共十九章。第三部分主要是说明人与自身的关系，包含了益行篇和养生篇，共四章。

　　说来也巧，这三部分内容，分别与道家、儒家和佛家学说的重点领域相对应。而且这三大中国传统教派的思想精髓，在这三个领域部分均有所体现。例如：在人与自然关系中，道家的"道法自然"和"天人合一"的思想；在人与社会关系中，儒家的"和而不同"、义利观和"修身、齐家、治国、平天下"的使命观，以及在人与自身关系中，佛家的"入静"和对情欲的自我调整等主张，在书中均能反映出来。不仅如此，其他世界宗教的精华思想，在书中也有所体现。

在撰写本书前，我曾经花了四年多的时间，研究世界各派学说，从中去粗取精，消化吸收。我一直秉持着不预设立场，没有禁区的原则，独立地去进行思考，并把思想开拓过程中的每一个创新火花，都保留下来。所以，本书不仅富有创新精神，而且还具有极大的包容性和开放性。希望本书，能够为人类整体提供各方均可接受的最大公约思想，能够为建立属于全人类的文明体制，略尽绵薄之力。

《人类的使命》是一本有着自身严谨逻辑的原创性创新之作。它的逻辑起始点在世界篇，而终结点在养生篇。核心思想一脉相承，在不同领域中环环相扣。下面，从人与自然、人与社会、人与自身，这三个方面，来谈谈该书的创新思想脉络。

# 一、人与自然

在人与自然关系方面，本书一共有三篇：世界篇、生态篇和信仰篇。每一篇都有核心思想。

## 1. 世界篇中的核心思想

在世界篇中，继"地球与生命"和"意识和观念"论述之后，提出了第一个核心思想：物质是存在与规范的完整统一。

"存在与规范的统一性，使人们对物质有了全新的解释和理解。存在的就是规范的，而规范的，则必须具有客观存在性。关键在于，人

们是否认识了该存在的规范性，或者是否发现了该规范的现实存在
物。""科学的作用在于通过存在发现规范，又通过存在去检验或修正对
规范的认识。神——只是一种对未知规范进行描述的代名词。"

在分析了物质的"存在和规范"属性与人的"意识和智能"之间的
相互关系之后，本书提出了一个全新的认知：人类已经跨入智能世界的
门槛，正在嬗变成为一个全新的自然存在物种。人类将以维护地球生态
为己任，而不再只是本能地去追求繁衍生息。人类将成为地球生态文明
的执行者。书中阐述的这个巨大变化，其意义已经超越人类自身的历史
更替。所以，这项人类认知，将会成为地球编年史上的重大事件。

也许，还有另外一种我们不愿意看到的选择：人类变成地球生态的
毁灭者，同时也毁灭了自身。这正是我们需要极力避免的结局。时代赋
予了人类全新的使命。

世界篇还提供了一个 19 层次的物质世界全景图，并指出，除了与
人类相关的物质存在关系外，现代科学已经能够很好地解释其他各层次
的物质构成和运行原理。社会关系是一个复杂系统，需要用全新的科学
理论体系来揭示。

### 2. 生态篇中的核心思想

生态篇讲述的是一个完整的生态体理论体系，包括生态体的概念、
法则、系统、机制和规律，以及生物体的概念和法则。这个理论曾在我
之前出版的《生态社会》一书中提出过。这次又重新表述，内容更加丰
富。生态篇的理论，主要是为了解决人对自然界和对人类社会的认知问

题。当然，也包括解决对自身的认知问题。

生态篇的核心创新思想有两个：第一个核心创新思想是角色法则。角色法则是一个大法则，它把相互依存和相互制约的社会组织结构，与充满生机活力的竞争机制统一起来；把生物体法则与生态体法则统一起来。第二个核心创新思想就是生态体的运行规律，即运通规律和协衡规律。我们把"运通"和"协衡"形象地称为"生态运行的真谛"。理解这一点，将会有利于把握和控制生态运行的全过程。这两个核心思想贯穿了这之后全书的其他内容。

生态篇的思想与世界篇的思想密切关联。因为生态体也是"物质存在"的一种方式，而生态体理论，则是一种开始被认知的"物质规范"。事实上，生态篇的理论，正在弥补科学在人类社会领域中的空白。生态体理论，也是研究复杂系统的全新理论。

### 3. 信仰篇中的核心思想

信仰篇提出本书对信仰的定义：信仰是人对自然界整体的感知与认同，是对自然法则和规律的敬畏与遵循。人类对自然界整体的"存在"和"规范"的感知，是信仰产生的不竭源泉。

这个表述与世界篇的核心思想一脉相承，同时，也是对生态体理论的回应。在作者与麦克布莱恩博士对话中，也明确地表示："对生态体整体的认知和认同，对生态体法则和生态体运行规律的敬畏和遵循，应该是人类信仰的直接来源。"

书中还提出一种新的信仰践行方式。"使命类型的信仰践行方式，是指：充当好社会角色和生态角色，严格依照使命，遵循生态体运行规律，以生态人的行为方式，去践行自身的信仰。"

信仰篇的核心创新思想应该是人类基本使命："以地球生态体为本，致力于维护自然与社会运行的通畅与平衡。"

人类基本使命，既是"存在"和"规范"，"生态体"和"生态体运行规律"思想的延续，是它们在人类信仰上的直接印证；同时，也是对人类作为地球生态文明的执行者，这一全新角色的认定。当人类的活动可以轻易地改变这个星球，可以随时毁灭人类自身时，我们需要新的"人类基本使命"，并以此作为核心理念，构筑一个全新的思想价值体系。

## 二、人与社会

人与社会间的关系，包含了价值篇、伦理道德篇、明伦篇和修德篇，共四篇十九章的内容。下面谈谈这些篇的核心创新思想。

### 1. 价值观篇中的核心思想

价值观就是在观念意识上，引导人们社会行为的基本准则。

每个社会都有一个适用于全体公民的最基础的价值观——基本价值观，还会有一系列适用于不同社会角色的特定价值观。这些价值观彼此协调，相互平衡，形成一个价值观体系。我们把它简称为"价值体系"。

价值篇中的核心创新思想就是使命价值观——生态社会的基本价值观。人们首先需要明辨自身在生态体中的"角色定位"及其"角色使命"，在平等竞争和自由竞争基础上，依据使命行使权利，履行义务，发挥应有的社会功能，获取收入回报或社会分配。"使命"作为生态社会的核心价值观，需要通过生态体中不同的系统和功能角色，以及"角色使命"这一机制来引领，从而渗透到生态体的每一层面，构建起全新的生态社会价值体系。

使命价值观既是一种社会平衡机制。它与人类基本使命一脉相承。它也是人与自然关系在社会领域的延伸，是生态体法则和规律发挥作用的一种具体方式。

### 2. 伦理道德篇中的核心思想

伦理道德篇的核心思想是："道德侧重于社会公民在角色内的个体活动；伦理侧重于角色间的局部活动；人类基本使命和基本价值观则是侧重于资源、需求与环境，以及角色间和系统间的全局性活动。个体服从角色，角色服从局部，局部服从全局。只有在社会生态体整体平衡的情况下，角色内外的关系才能应运而生和充分展开。"

如果我们把人类基本使命看成是一种信仰，那么这个信仰，既需要伦理道德这些基础规范的支持，又事实上统领着伦理道德的全面实践。人类基本使命和基本价值观需要实现社会活动与自然环境相互协调，保证各种生态资源利用的合理性、循环性、平衡性和再生性。总之，伦理与道德均来源于：（1）现实世界中的客观生态关系；（2）生态体运行的整体一致性；（3）生态体的运通和协衡要求。

一些读者曾经发问：书中为什么选择这些伦理道德而不选择其他？

# 人类的使命
| Humanity's Mission

这里可以坦率地回答：这些特定的伦理道德，是由人类基本使命和使命价值观决定的。它们反映了当今社会与未来社会条件下，应遵守的人际关系准则。

### 3. 明伦篇与修德篇中的核心思想

这两篇的核心思想是：明伦与修德是做人之本，是社会稳定的重要基础。

明伦与修德（修身）是个人融入人类社会，顺应客观规律，获取人生成功，生活幸福美满的基础。中国古人认为修身是做人之本，立本不牢的，就不必讲究枝节的繁盛。

修身也是促成社会稳定的一个重要方法。一个社会的公民如果普遍地遵循伦理，道德高尚，行为规范，健康通达，则可以使得社会运行秩序井然，人心向上，促进发展。所以，修身不仅是一种个体人的行为基础，在很大程度上，它也成为社会稳定的基础。

## 三、人与自身

人与自身间的关系分成两个方面：一方面把自身作为生物人，其人生目标是获得成功；另一方面是把自身看成是一个生态整体，其人生目标是健康、长寿和幸福。人与自身这一部分包括益行篇和养生篇，共四章的内容。下面谈谈其中的核心思想。

### 1. 益行篇中的核心思想

益行篇主要讨论：怎样进一步去开发并改善自身能力，让人生更为

298

辉煌？怎样积累正资源，消除负资源，以利于行动，使自己变成一个成功的社会人？

人的能力可以分为三个层面，即行动能力、智慧能力和精神能力。人的资源总的讲可以划分为正资源和负资源两个方面。当然，按个人这个生物体为坐标中心来划分，还可分为"内在资源""外在拥有资源""外在关联资源"以及"外在非关联资源"等。

益行篇的核心思想：人生的成功有赖于后天的磨砺和训练，要提振精神能力，具备智慧能力，发展必要的行动能力；要不断地去积累和积聚正资源，设法消弭负资源。当一个人的能力具备了，资源形成了，就可以实现人生的辉煌，享有幸福与安康。

### 2. 养生篇中的核心思想

养生是指运用一系列方法，维持身心健康。养生可以大致分为心理养生和生理养生两个方面。生理养生还可以再细分为饮食与运动两个方面。

养生的原理与生态体的运行原理是一样的。因为人的身体本身就是一个完整的生态体。

养生篇的核心思想就是"运行通畅"（运通）和"协调平衡"（协衡）。运通与协衡是生态体运行的规律。此外，心理养生还要注重"静"，饮食养生还要注重"适"，运动养生还要注重"动"。

从以上分析可以看出，《人类的使命》一书的思想来源可以分为四个：第一个来源是近代自然科学，其中以生物学、生态学和生理学为主；

第二个来源是传统的中国文化与思想，包括道家、儒家、佛家、法家、墨家和纵横家等等；第三个来源是世界各国的文化思想，其中有马克思主义学说、西方经济学和哲学思想，以及各种宗教学说；第四个思想来源则是实践。应该说，本书创作的最主要的来源是实践。它是多年来从事经济与社会活动的经验积累，是通过实践体验，再进行深入思考，是最终得以感悟后的结果。这里所说的"实践"，不仅仅是指了作者个人的实践活动，它还包含了当代中国人民的实践活动，以及世界其他国家人民的实践活动。

在本书创作过程中，我得到众多友人的支持，在这里要特别感谢以下几位：

麦特·麦克布莱恩博士（Dr.Matt McBrian）。麦特是一位美国专家，他曾获得加州大学洛杉矶分校（UCLA）的分子与细胞生物学博士学位。

熊永健博士（Dr.William Xiong），现任"世界生态社会科学协会"秘书长。熊永健毕业于上海复旦大学医学院，还获得美国南卡医科大学（MUSC）的分子生物和生化博士学位。

王晓宇，现任上海超序系统研究所所长。王晓宇 20 世纪 80 年代就读于南开大学生物系，获理学学士学位和硕士学位。他曾在北京大学医学部任教，并在政府部门担任过领导职务。

江旭研究员，现任职于上海超序系统研究所。江旭老师毕业于北京师范大学生物系，多年以来从事教学和研究工作。

石鉴，现任南开大学商学院教授，兼哲学社科管理创新研究中心副主任。石教授主要从事互联网商务、数据决策支持以及知识创新管理等领域的教学和科研工作。

任建平，现任北京城市庄园国际葡萄酒文化有限公司董事长。任建平于 1985 年毕业于南开大学经济系，他曾经在中国国家航天部门工作多年。

以上同仁，他们在科学技术和专业知识方面，给予我诸多的帮助和支持。在此一并感谢！

金建方